长寿时代 迎接百岁

祁彬◎著

中国经济出版社
CHINA ECONOMIC PUBLISHING HOUSE
·北京·

图书在版编目（CIP）数据

长寿时代 迎接百岁 / 祁彬著. -- 北京：中国经济出版社，2023.1（2025.3 重印）

ISBN 978-7-5136-7111-8

Ⅰ. ①长… Ⅱ. ①祁… Ⅲ. ①成功心理 - 通俗读物 Ⅳ. ① B848.4-49

中国版本图书馆 CIP 数据核字（2022）第 183117 号

责任编辑 贺 静
责任印制 李 伟
封面设计 任燕飞工作室

出版发行 中国经济出版社
印 刷 者 北京科信印刷有限公司
经 销 者 各地新华书店
开　　本 710mm × 1000mm 1/16
印　　张 15.75
字　　数 188 千字
版　　次 2023 年 1 月第 1 版
印　　次 2025 年 3 月第 2 次
定　　价 69.00 元
广告经营许可证 京西工商广字第 8179 号

中国经济出版社 **网址** http://epc.sinopec.com/epc/ **社址** 北京市东城区安定门外大街 58 号 **邮编** 100011
本版图书如存在印装质量问题，请与本社销售中心联系调换（联系电话：010-57512564）

谨以此书献给我亲爱的母亲，她是我成长经历的见证者、人生目标的支持者，衷心祝福我的母亲寿比南山，福如东海！

序

我们正处于一个特别的时代，我们的寿命比任何历史时期的人类寿命都长得多。不过，很少有人真正了解并且认真准备如何迎接百岁人生。这本书恰逢其时，祁彬女士用她非凡的认知和丰富的经验为大家提供了一个引人入胜的可能：我们有机会充分享受长寿这个时代的馈赠，重新审视自己的规划和选择，立即采取积极的行动，从而活出一个有价值、有意义的丰盈人生。

——友邦人寿执行董事及总经理　张晓宇

读祁彬女士的故事，你看到的不仅仅是她的职业经历和保险这个行业，更重要的是，看到她用有爱的生命历程活出来的一种崇高的精神、一种坚定的信念和一种积极阳光的生活态度。

——友邦中国前首席执行官　蔡强

祁彬女士是中国保险界的一朵奇葩。高学历、高素质、高个子，走到哪里都让人眼前一亮，谦和有礼，正如她在保险界取得的成就，耀眼夺目！她把全部的精力和能量都释放到这个行业中，一点一滴经营保险事业，不求得到，勇于奉献，她为 MDRT 在中国内地的推广所做出的贡献我们有目共睹。

——中华保险与理财规划人员协会前理事长　林天赐

从第一天认识祁彬到现在，我看到了祁彬从零做起，从低处开始，一步一个脚印走出了一片天空！她凭借努力和坚持成为大家工作和生活的榜样，是大家学习的楷模！更难能可贵的是，当她取得巨大成就的时候，愿意与大家分享成功的经验和心得，愿意帮助更多的人取得成功，这种博大的胸怀、感恩的真心是最让人感动的。爱是人生最珍贵的礼物，用爱来生活，用爱来工作，用爱去关心身边的人，用爱把生活变得非常美妙，把事业做得更加成功，这正是祁彬做人成功、做事成功的秘诀！

——中国台湾南山人寿前总经理　徐水俊

最喜欢她书中所谈及的这十年中境界的提升。……从自我实现到爱的升华。虽轻描淡写，但这正是“武林高手”梦寐以求的从一流高手升华进入顶尖高手必备的境界呀！很多业者穷其一生也难窥其一二。

——友邦保险集团前总裁　陈嘉虎

我与祁彬相识多年，她是“真我中心学”课堂最勤奋的学生之一，最重要的是，她知行合一、学以致用，把开启的智慧毫无保留地投身于所挚爱的保险事业，在保险的舞台上展现透彻、美丽的“真我”。这本书是祁彬继《无限风光在险峰》《服务人生、传递大爱》之后的又一扛鼎力作，记载了她多年来的思想精华、积极的处世态度和通透的人生感悟。十年从一名普通业务员到 MDRT 大中华区主席，其间究竟需要开启怎样的智慧？这本书会为大家揭开谜底。

——马来西亚　吴学文老师

自　序

活出生命的意义与价值

——从反脆弱角度谈我的保险人生

关于我的自序，我想从带给我生命意义和价值的三本书说起。

第一本书——《反脆弱》。作者是著名经济学家、风险投资家和思想家尼古拉斯·塔勒布。这是一本使我深受启发的书。书中所言的反脆弱，简单说来，就是拥有能够在突如其来的变化冲击下获益的能力。反脆弱的人，内心是十分强大的。我在保险行业做了 20 多年，经历过不少人生的挫折与磨难，深深感受到保险生涯本身具有人生反脆弱性的特征。其具体表现在可以防范人生的三大危机：财务危机、健康危机和意义危机。保险可以帮助人们抵御人生多重风险，尽可能避免“灰犀牛”事件在自己身上发生。保险事业的特色在于，不断激发你内在的智慧与热情，让你甘心情愿为之付出并且献出宝贵的时间与精力；能够认真选择为客户负责，以最大诚信、专业水平和良好的服务态度，保持终身与客户一起成长；培养人文精神，体现人文关怀，保持生态平衡与共同发展。保险事业本身的意义和价值到底在哪里呢？

第二本书——《助推——如何做出有关健康、财富与幸福的最佳决策》。作者是理查德·泰勒，他于2017年获得了诺贝尔经济学奖，这是其代表作，曾获得美国前总统奥巴马的强烈推荐。书中介绍：在很多情况下，客户只有一次选择的机会，失败了就没有重来的机会。如意外或重疾，一旦发生了，就已经错过了选择的最佳时机；如养老金规划、保险资产配置，如果到老了再准备，为时已晚。因此，客户没有机会去试错，在没有足够的反馈信息的情况下，人们很难做出正确的选择。而我们专业而科学的助推，能帮助客户做出更正确的决策，这就是我们保险人应积极承担的“助推”责任，其所创造出来的长远意义和重要价值是不可估量的。保险本身存在着不可替代的职业价值与工作意义。我们可以随时随地地协助客户做出必要的、及时的选择，为客户创造未来健康、财富与幸福生活。

第三本书——《少有人走的路——在焦虑的年代获得精神的成长》。作者是斯科特·派克，我很早就阅读了他的系列丛书。他的书一路上伴随着我的成长。这本书是在他60岁时出版的，书中提到当今是一个焦虑的时代，似乎一切都不确定，在人们忧心忡忡、茫然无措、困惑之时，作者告诉我们如何在不确定的中间地带学习生存的本领，如何在双边的矛盾中做出个人的抉择，如何在焦虑中获得人生智慧、精神成长与自我超越。作者以世间少有的勇气击碎人们心中虚无缥缈的幻想，要求直面每个当下，保持高度的觉知与思考，克服草率与盲从心理，保持独立而正直思考的勇气，承担起自己应尽的责任，学会感恩与臣服、合作与共生。他的真诚和智慧，深深地唤起我们内心深处的力量与信心，使我们能够发扬勇于探索的精神，直面人生未来的不确定性，以及长寿时代给我们带来的机遇与挑战。

总之，保险人生的反脆弱性包括：提前进行人生规划、做好多重风险防范、提升生命自由维度，并且，拥有在不确定中受益的能力。保持开放迎接挑战、勇于承担尝试成本，坚持不懈地从长计议、不断唤醒自我觉察与自我修正，促进生命的健康与发展……阐明如何从各方面做足准备，迎接并拥抱长寿时代带来的美好与未来，是我写这本书的初衷。

本书包含 9 章内容：

第 1 章：如何做足准备，迎接百岁？

第 2 章：如何保养身心，健康发展？

第 3 章：如何规划财务，实现自由？

第 4 章：如何永葆生机，精神不老？

第 5 章：如何保持开放，终身成长？

第 6 章：如何自信交往，保持活力？

第 7 章：如何穿越时光，创建未来？

第 8 章：如何未雨绸缪，防范风险？

第 9 章：如何激发潜能，修炼人生？

一路走来，保险生涯不仅带给我生计的回报，更重要的是带给我生活本身的意义和价值，正是强烈地感受到这种意义和价值，我写下了三本书。15 年前，我写的第一本书是《无限风光在险峰》，谈如何面对人生的挑战与机遇；10 年前，我写的第二本书是《服务人生、传递大爱》，谈如何圆满爱的修炼与智慧；现在，我写的第三本书是《长寿时代　迎接百岁》，谈如何在已经到来的长寿时代绘出自己最高版本的生命蓝图，过好丰富充实而有意义的人生。

在全球疫情防控中，尽管各个国家和地区抗疫的形势不同，但是，我们清楚地意识到，对抗危机的最佳手段就是人生免疫力，只有提高自己各方面的免疫力，才有资格与病毒叫板。

免疫力是一个人的核心竞争力，不单单指身体上的健康，也包括我们心理、财务、价值上的健康。

机体免疫力是人体自身的防御机制，是人体识别和消灭外来入侵的任何异物（病毒、细菌等），处理衰老、损伤、死亡、变性的自身细胞以及识别和处理体内突变细胞和病毒感染细胞的能力。免疫力强大，是一种了不起的软实力。疫情的突袭，对于每一个生命体来说，无疑是一场机体免疫力与病毒之间的较量。

面对灾难和危机，有的人阳光向上、勇往直前；有的人怨天尤人、自暴自弃，甚至仇恨社会。这就是心理免疫力。在逆境中学会坚强和乐观，是成年人的必修课。条条大路通罗马，无论朝哪个方向走，都是前进，重要的是保持乐观、积极面对。

同样的封控管理，有的人一年不愁吃喝，毫无压力；有的人一周时间就经济拮据，压力倍增。这就是财务免疫力。提高财务免疫力不代表要非常富有，相反，有再多的金钱，不懂得管理和分配，迟早也会挥霍一空。财务免疫力体现的是一种居安思危、未雨绸缪的生活态度。越是普通人，越要打好财务免疫力的基础，在意想不到的时候，这笔钱能带给你尊严和自由。

同样隔离在家，有的人读书学习，每天认真打卡，完成既定目标，享受当下的生活；有的人却什么都不想做，整天浑浑噩噩，不停地刷抖音、玩游戏，混混沌沌过日子。这就是价值免疫力。这样的差距不是短短几天、几个月造成的，而是在于日积月累的习惯。既然有这样珍贵的时间，不如读书学习，提高价值免疫力，从独处中获得力量。

这场灾难，是一个大浪淘沙的过程，对所有人的体质、人性、勇气、理想、价值观等都是一场筛选。因此，战胜意外和不幸，我们要做的是提高人生各方面的免疫力。

要想提高人生免疫力，也许这本书会对您有所帮助。我希望通过这本书的分享，让每一位愿意接受和拥抱长寿时代的读者，以及愿意以自己的梦想把握生命的人，发出生命的光和热，与时代共成长，活出有价值、有意义的精彩人生。假如您是年轻人，请在认知上帮助渐渐老去的父母尽量过好后半生；假如您是中年人，请严谨做足养老规划和健康管理，从容应对长寿时代的机遇与挑战；假如您是退休者，请认真审视自己未来 30 年的生活目标，充分发挥自己的余热和智慧，丰富精神世界，保持身心健康，提升抗衰老能力。

目　录

第1章

做足准备——迎接百岁

这是一本我最想表达的愿望之书，同时我也正在准备迎接百岁时代的到来，它仿佛就在势不可当的路上，远见即看见。

第1节

精神不倒抗衰老，常立志，立长志

我们有一样东西永远不会衰老，那就是精神。伟大的精神从人类内心涌出，带着自由和创造性的意志，无论什么年纪，精神永远不会老去。这种精神鼓励我们探索自己是谁，让我们有意义地度过一生，直至生命的最后时刻。那些与精神相遇并以精神为指导而生活的人不会成为环境的奴隶，他们是自己命运的主人。

列夫·托尔斯泰说过："人的精神力量比体力更富于生命力。"只要我们保持乐观精神和战胜一切的决心和勇气，就可以克服任何困难和坎坷，创造生命奇迹。

Logion

给自己创造一个美好的方向和目标，试着不为明天而烦恼，不为昨天而遗憾，只为今天更美好。

我在读《我决定活到120岁》这本书时，被开篇的一段话深深地吸引了：

> 你能想象自己120岁时的模样吗？也许读到本书标题时会有所联想。你或许对活到90岁或100岁的想法司空见惯，120岁听起来有点儿荒谬，所以可能会这样问自己："难道这位作者发现了什么神秘的不老之泉？"
>
> 但我坦率地告诉你，我没有任何能保证你或其他人活到120岁的神秘药丸。我现在已经60多岁了，甚至不能保证自己活那么久——可是，我决定活到120岁。
>
> 这里的关键词是"决定"。我作了一个坚定不移的明确决定——要活到120岁。我不知道生命的最后一天什么时候来临，但带着活到120岁的期望生活是可行的，尤其是怀着具有深刻意义的人生目标、采取相应措施健康地生活。生物学研究表明，人体细胞具有120年的功能和再生能力，如果有相应的技术支持，时间可能会更长。人的一生可以活这么久不是空想。

这本书的作者李承宪，是一位富有激情的梦想家、教育家、人生导师和创新者，他毕生致力于教授人体能量理论，研究和开发培养人类大脑全方位潜能的方法。

多年来，他的人生使命一直是帮助人们利用自己的创造力和个人潜能。为此，他开发了许多成功的身心训练方法，包括体脑瑜伽和大脑教育。他的理论和方法鼓舞了世界各地许多人，使他们过上了更健康更幸福的生活。

每个人都可以选择如何利用时间和生命，这是我们拥有的伟大的力量和权利。然而遗憾的是，只有一小部分人能充分利用这种力量。大多数人对明天要做什么、下周要做什么、下个假期去哪里旅行、假期里做什么会有一个小计划，但很少有人计划 5 年或 10 年之后的目标，更别提一个总体人生规划了。他们不曾规划青年、中年、老年的生活将去向何处，每个阶段希望达成什么目标。

一个人如果没有生活的蓝图，最终只会随波逐流，任由环境决定事情如何发生。法国小说家保罗・布尔热（Paul Bourget）说过："我们必须按照自己的想法生活，否则就会以我们以往的生活方式结束此生。"

我们每个人都是自己生命的船长，既可以随波逐流，也可以让生命成为史诗般的旅程。决定这个差别的是，你是否知道自己要去哪里。你是唯一能选择方向的人。回顾人生、反思、梦想和选择的力量，是上苍赠予人类的礼物。它不会因为衰老而消失，随着年龄的增长，这种力量反而会更加强大，因为我们经历了人生的风雨，活得足够长，非常清楚地知道只有我们才能开创自己的人生并为此负责。在旅程的最后时刻，我们应该勇往直前，永远不要阻止这股强大的力量。

第2节

我的前半生在路上

Logion

人生总是过得太快，领悟得太晚，我们要学会珍惜当下，并迅速地了悟。

我们前半生要走什么路以及终点在哪里大都是固定的。简言之，前半生关乎成功，每个人都在奔向成功这个明确的目标。成功是贯穿前半生的范式，因此我把人的前半生称为成功期。

在人生的道路上我们竞相追逐，相互碰撞，此起彼伏，沉浸于追求成功的模式中。想象一下，无数人挤在一起走在一条通往成功的路上，没有时间思考是谁创造了这条路，并且对此毫不关心。大家必须谋生，或者直截了当地说，必须让自己比别人富有，所以只顾盲目地沿着这条路奔跑。

在漫长的人类历史上，无数人都走过这条

路，现在这是一条宽阔的“高速路”。人们不会反复思考他们为什么要走这条路，或者是否有其他路可走。路就在那里，大家都在走，行色匆匆，不假思索，只忙着追赶前面的人，以免落后于竞争对手。

在我们很年轻的时候，成功模板就开始在我们的大脑中被有意无意地植入。学校、公司甚至家庭都给我们灌输这样一条信息：“生活是战场，你必须战斗，必须要赢。”输就是失败，所以我们不断地努力争取胜利。胜利时，自我价值感提升；失败时，存在价值瞬间消亡。当得到更多的工作机会、赚了钱、建立家庭、养育孩子时，我们更加热衷和沉浸于竞争和成功之中。

在这个阶段，通过努力工作我们得到了想要的东西，为社会发展做出了贡献。我们有了自己的事业、稳固的社会地位，致力于通过专业、组织和职责来创造结果。这段成功期是积累成就、经验和技能的时期。

转眼间，我的保险生涯已经走过了二十个年头。二十年间，从选择到坚定，到自我实现，再到爱的升华，我对职业的认定和肯定越来越清晰，对生命的感悟也越来越丰富和透彻。我很庆幸，二十年来我的每一步都走得那么自信和稳健，每一段旅程都充满了欢欣和鼓舞，每登一个台阶都满怀信念和愿景。

这二十年是深度挖掘和思考的二十年。二十年磨一剑！想当初，为什么毅然放弃公务员稳定、安逸的生活，去投入一个对我而言完全陌生、未知的行业？因为前者并非我内心真正的渴望，我渴望活出真实的自我，活出自在、彻悟和喜悦，活出自我定义和诠释的“灿烂”。二十年间，我将所学所思所想与保险业充分结合，并将个人的努力和潜能极限发挥，造就了自身的巨大生产力，进而在能量的释放中收获了“无限风光”。思考的过程令人劳神也令人愉悦，它像时间的低语透过我们的心灵化作美妙的音乐。我想，谁也不愿做一根芦苇，当万物齐声合唱时，唯独自己沉寂无声。我很庆幸，选择了一个能让自己正确思考和掷地有声的行业，是它让我占领了生命的全部领空，实现了对人生的期许。

这二十年是劳作和耕耘的二十年。二十年如一日！劳作是生命的必需，耕耘是生命的意义——这是我最喜欢说的一句话。对于保险人而言，没有所谓的假期，没有所谓的退休，工作即生活，生活即工作。天上不会掉下馅饼，不劳作不会取得进步，不耕耘生命只是枉然。二十年来的每一天拜访、作业、学习、分享……一点一滴的劳作、运转占满了我生活的全部空间，辛苦吗？不辛苦！一个人若能把风声变为歌声，又能用自己的爱使生活变得更加甜美，那肯定是无比幸福的。我热爱这个行业，热爱这份劳作，并在劳作中寻找到生命的源泉，通透地领悟生命最深的含义。

这二十年是服务和创造的二十年。二十年映照一生！人生以服务他人和社会为终极目标。一个人不管他的功绩有多大、成就有多高，都是得益于他人和社会为他开创的条件和无形中的成全。因此，能为他人提供有价值的服务，是一件值得欣喜和庆贺的事情。服务看起来是为他人，实际上是为自己，在满足他人服务需求的同时也实现了自身无限的价值。因此，我一直很享受为客户、为身边的人服务的过程，当我调动自己的全部资源、努力发挥自己的能量去为他人提供服务时，自身的潜力也得到深度开发，实现目标的能力得到大幅提升。成长和成功的喜悦让我乐于服务，享受服务，终身致力于服务。

第3节

我的后半生在心上

Logion

虽然我们都不完美，但生命的确是个完美的成长过程。

人的前半生有一个明确的目标：成功。这就是大多数人不需要担心其他事——反正也没有时间去担心，所要做的就是在一个由家庭、学校和工作场所组成的社会体系中往前走的原因。然而，问题出在退休之后。人们前半生把精力投入如何使事业成功中，后半生却没有明确的目标，没有成功的典范来定义。生命前半段要走的路很清晰，但这条路到退休就结束了。退休之后，没有一条人人都能走的宽阔大道，人们忽然发现需要面对全新的环境，对于应该如何生活以及为了什么而活感到茫然，不知所措。所以我的个人观点是，一直不退休，永远在奋斗的路上。当然，这并不适合所有的人。因此，退休后如何生活值得每个人去探索。

对于许多人来说，人生第二个 60 年从退休开始。我们曾经赋予意义、倾注时间和精力的目标突然改变了。工作带来的固定收入、曾经让我们生活有节奏规律的职务、经由工作获得的强烈成就感、执行项目时监督别人的社会地位，以及工作中让我们充满喜悦和怨恨的人际关系，在退休时全部消失了。

那些向外寻求自我价值感即追求金钱、职场成功的人，此时会产生巨大的失落感。如果他们倾注热情的东西不复存在，生活会变得空虚且毫无意义，除非能找到替代品。他们会觉得自己毫无用处，原来所扮演的角色已经不复存在。

你曾经可能是专业人士、行政人员、医生、护士、公司职员。当不再从事这些工作时，你是谁？是什么让你成为你自己？当社会成功不再是刺激和激励我们的目标时，什么能让我们的生活变得有价值和有意义？余生你能做什么？你想要实现什么目标？这些是我们要面对的问题。

当人类平均寿命是 60~70 岁时，这还不是什么大问题。然而，如果 20%~40% 的人在剩下的 20~40 年里无所事事，缺乏有意义的目标或活动，那对个人乃至整个社会来说将是一种人力资源浪费。这就迫切需要树立一种后半生的典范来解决这个问题，因此，必须要有这样的想法："如果前半生可以为成功而活，那后半生也可以为其他事情而活。"

问题是后半生要走的路还没有建好。人生之路前半段已被开辟，后半段却如同人迹罕至的荒野，毫无方向。只有少数人为自己开辟了一条穿过空旷原野的清晰道路。大多数人在后半生几乎无所作为，因为他们没有清晰的前进方向。那么，下半辈子的生活模式究竟应该是什么样的呢？

我建议把圆满作为后半生追求的价值。圆满意味着一切所愿已完善或完美实现。为了你自己，为了你的人生，你要做些什么来实现圆满?

人类天生就在追求圆满。例如，每个人都试图通过人际关系与他人沟通联系，这是经由归属感来完成自我的一种方式。另外，人们通过教育和社会进步来提高自己，这是一种社会的完善。人们还通过精神追求寻求圆满，与宇宙之源取得一致。

我们在生命的某个时刻都会问“我是谁”，试图了解生命的目的和意义，找到自己存在的根源。人类是唯一会问“我是谁”的动物，因此，在生命的某个时刻，我们不可避免地会追求超越成功的圆满，因为这是人类的天性。大脑被设定用于寻找生命真正的意义并追求完整性，这是人类的本性。

圆满无关任何外部事物，而是一种内心世界的感受，一种充斥内心的诸如自豪、满意、合一与平和的满足感。在生命的最后时刻，圆满才可能完成。生命圆满使我们在临终时回顾过去时感到满意和富足，在平和与幸福中闭上眼睛：“我没有多余的遗憾和怨恨，这一生充满意义，我为自己而自豪。”只有你才能知道自己的人生是否已经圆满，其他人无法评判或评价。生活圆满的程度只取决于自己心中的满足感和成就感。

为了后半生的圆满，使内心真正充实满足，你必须经历一个过程：花点儿时间反思前半生并规划后半生。

你必须充分认识到，现在是人生的一个重要转折点，这一点相当重要。是仅把后半生作为成功阶段的补偿延续，还是从圆满的角度重新创造和进化生命？这取决于你在这个转折点上的选择。

许多人到了后半生就开始回顾过去，特别容易沉浸在对过往美好与艰难时刻的回忆中。然而这种被动的反思是不够的，你必须花时间作一个关于前半生的总结，积极而有目的地反思，并计划用一种新思维和新目标来规划人生圆满期。

重生不会自动发生，生活不会因为你年长一岁而有所改变，即使你只有 30 岁也能理解这一点。岁月不断流逝，四季随着自然的周期而变化，但正是你自己选择了赋予这些变化以意义，选择重生。除非反思过去一年里学到的东西，以及思考如何将这些经验应用到未来的生活中，否则再过一年你也不会变得更聪明。同样，前半生留下的都将是转瞬即逝的记忆和感受，除非你花时间有意识地回顾和反省，不然这些经历不会变为智慧使后半生生活得更好。

我曾经听一位学者说过，现在 95％的人都过着和昨天甚至一个月前一样的生活，没有任何变化。新生活不会随便出现，它只属于那些有意识追求的人——只有在黎明睁开眼睛的人才能看到黎明。当黎明来临，除非你睁开眼睛，否则仍然如同黑夜一样；春天到了，除非你知道这是播种的季节并播下种子，否则不可能在秋天收获粮食。长寿时代向我们展示了实现理想生活的无限可能。然而，除非你意识到这一点并有觉悟地规划后半生，否则它就没有实现的可能。通往新生活的道路无法为你敞开，除非你选择它。

“老鹰重生”的故事经常被引用于强调个人或公司的重生。故事是这样的：

曾经有一个老鹰村，那里的老鹰一般只能活到 40 岁左右。据说有一种方法可以活到 70 岁，但这种方法非常痛苦，以至于村里的老鹰都没有想过去尝试。

有一只勇敢又有好奇心的老鹰喜欢高飞和飞往遥远的地方。这只老鹰已近 40 岁了，爪子已经老化，很难捕捉到猎物。随着年龄的增长，它的喙越来越虚弱，羽毛越来越厚，翅膀变得沉重，在天空中翱翔变得很困难。有一天它想："反正我要死了，不妨尝试一下活到70岁的生活方式，即便很痛苦。"于是它竭尽全力，飞到村里最高的山上建了一个窝。

最初，它不停地啄一块石头，直到喙破裂掉下来。慢慢地，一个新喙长出来，它用新喙把爪子上老化的趾甲一个个拔掉。新趾甲长出来后，老鹰就用新爪把翅膀上的羽毛拔掉。经历几个月的痛苦，新羽毛终于长出来了。勇敢的老鹰涅槃重生，展开巨大美丽的翅膀飞回村庄。它又活了30年，并教会了村里其他老鹰如何重生。

这则寓言告诉我们，没有选择、没有承担、没有努力，生活就不会发生真正的改变。第一次听到这个故事时，我被深深地感动了。雄鹰突破极限、超越自我、获得重生的勇气唤醒了我对圆满的渴望。

当然，我们不必为了后半生的重生而像老鹰那样受苦。但我们必须冷静地回顾过去，有勇气扫除一切隐藏真实自我的障碍。我们必须做出选择：下定决心成为实现这个梦想的人，完成自己规划的人生。

越早开始规划后半生越好。早在十几岁的时候，我们就应该明白人生是一个自我圆满的过程，成功只是一个阶段，而不是唯一阶段。那些有长远眼光的成熟的人，即使在成功期也能不受环境影响，坚持自己的理念。

步入40岁，我们需要思考自己如何度过晚年。最迟50岁时，我们应该对老年生活有一个方向性预期，这样就可以为自己所选择的生活做好准备。退休后的生活可能会有很大不同，它取决于我们是否有这样的规划。

许多老年人无法在正常的年龄退休，需要继续工作维持生计，有时还需要为了生活从事低薪工作。也有许多老人在退休的年龄选择退而不休，在医学界，工作到 80 多岁并不罕见。这些依然工作的老人可能会觉得自己没有时间去计划后半生而追求圆满，其实，并非退休了才有足够的精力和时间做这些事情，也不是整天都要进行训练或静坐冥想。

圆满的核心是对待人生每个时刻的态度。换句话说，就是对待工作的态度和对待遇到的每一个人的态度。我们的生活包括我们的工作和人际关系，是学习圆满的最佳领域，也是冥想的最佳素材。如果我们从这个角度积极思考，可以说，依然工作的老年人比那些无所事事的人更有活力，生活更有意义。只要保持工作和生活的适度平衡，我们的精力就不会过度倾注在工作上。

即便是经验丰富的建筑师，也不可能在没有规划的前提下建成一座宏伟的大楼。如果不规划人生，不管你的处境如何，最终都会被环境所主宰。你可能会这样想：在过去的 30 年里，我不停地忙于制定各种年度、月度、每周和每天的目标和计划。我厌倦了甚至再也不想听到任何计划或规划。退休后我应该做什么样的人生规划？我只想过自由自在的生活！

你真的想拥有自由自在的人生吗？那就必须规划人生，这样你才可以自由地生活。要仔细想一想你要的自由生活具体是什么样子的，并为这样的生活作必要准备。否则，你可能最终没有什么变化或成长，只是被熟悉的环境包围，重复着同样的生活，无聊地活着。

“我还有很多时间，着什么急呢？是，我会花时间好好考虑。”如果你这样想，请阅读下文。这是一位 95 岁老人的文章，会让很多人思考良久：

我年轻时真的很努力，能力得到认可并获得尊重。65 岁时，我自豪地退休了。

30年后，在第95个生日那天，我流下了悔恨的泪水。我的前65年是骄傲和光荣的，但之后30年的生活充满了遗憾和痛苦。

退休后，我想：我现在过着想要的生活，以后的每一年都是额外奖励。抱着这个想法，我就只是在等待无痛的死亡。我过了30年毫无意义、毫无希望的生活。

30年是很长的一段时间，是我95年生命的1/3。如果我退休时知道自己还能再活30年，我真的不会那样生活。那时候我觉得自己已经老了，不能再做什么，这其实是一个很大的错误。

虽然我现在已经95岁了，但我清楚自己可以再活十几二十年甚至更久。我现在要开始学习外语，这是我一直想做的事情。这么做只有一个理由，就是10年后105岁生日时，我不会后悔在95岁时没有开始尝试新事物。

第4节

从未来视角看长寿

Logion

生活是一场逐渐开悟的旅行，要懂得好好地欣赏、体验和了悟每一段的风景。

根据联合国2015年的数据，全球百岁以上人口约50万，比20年前增长了四倍，预计未来这个数字还会快速增长。一项调研表明，2014年有72000名美国人超过100岁。有报道称，谷歌开始大规模投资一个延长寿命的项目，这个项目的目标是将人类的寿命延长到500岁。

人类是否会像谷歌设定的目标那样长寿并不确定，但120岁标准寿命的到来可能比我们想象的要快得多。随着营养和卫生条件的改善以及医疗技术的发展，人类平均寿命持续延长。

一个长寿的人生应该是怎样的呢？

熵是指系统无序的程度。一般来说，生命

的发展就是一个自发地逐渐熵增即从有序状态慢慢演化到越来越无序状态的过程。生命应对这个挑战就是要把自己建设成为开放系统以对抗熵增，用信息与理念来反抗熵的侵袭，让生命的成长与发展更为有序与健康。心理学家创造了一个新名词叫“精神熵”，意思是如果你不学习思考的话，你的意识总是会趋于无序和混乱，很难觉得幸福；而当你专注忘我，全情投入当下学习或做事，你的意识就处在有序状态，持续保持的话，将会达到最接近幸福的状态。

现代人生活中遇到的另一个重大挑战是，当生活从直线明确的三段式人生转向交错迭代的多段式人生，我们将如何保持和提升物质生活与精神生活的高品质。当人生变长和多段式人生逐渐展开时，与人生状态挂钩的不再是年龄，而是生命质量，如健康、自主、能力、财务、关系等。我们会在每一段人生中追求高质量，因为它又会为下一段人生奠定基础。变老的经典美丽传说是“在身体和灵魂中拥有时间”，而长寿的现代健康观念就是还要在“身体与灵魂拥有的时间”里享受高品质的生命。

所以一个长寿的人生本质上应该是熵减与质升的人生。

老龄化社会是人类预期寿命延长和低出生率所致，这种现象在全球都很突出。世界人口预计 2050 年将增加约 20%，而 65 岁和 65 岁以上的人口会激增，大约是目前的两倍，将占总人口的 18%，这意味着几乎每 10 人中就有 2 个老年人。①

在美国，65 岁及以上人口在 2014 年是 4600 万，占总人口的 14.5%，预计这一数字将在 2050 年达到 22%；2060 年 65 岁及以上人口将达到 1 亿。社会老龄化在亚洲尤为突出。2050 年，韩国 65 岁及以上人口预计

① 李承宪，陈文灿.我决定活到120岁：长寿、活力和生命转变的古老秘诀[M].北京：新世界出版社，2021：19-20.

将占其总人口数的36.96%，仅次于日本的40%。这意味着大约每10人中就有4个老年人。[①]

80岁的时候，你每天日程里要完成的任务是什么？平时和周末做什么？对哪些活动感兴趣？关注哪些活动？是否会有一种满足感和快乐感？还是被动地生活，日复一日，无力地看着时间流逝？你能回答这些问题吗？

很少有人在七八十岁后生活依然有目标或有活动计划，他们只是简单地活着。许多人在没有任何心理准备的情况下进入了长寿期，面临的是未来20年到40年内没有什么挑战的生活。这是一个超越个人层面的问题，将上升为国家层面甚至全球性问题，而这种情况在历史上没有先例——总人口的20%到40%都将拥有20年到40年的空闲时间。

晚年生活方式所产生的影响是巨大的。如果我们在毫无生气、没有生产力、依赖他人的生活中走到人生尽头，那将是社会的一大负担。但是，如果我们能够过上充实而有意义的生活，分享有价值的智慧和经验，就能做出富有成效的贡献，把我们文化的精髓传递给下一代。通过这些有社会价值的活动，我们甚至可以解决自身的经济问题。

通过创造性的思考寻找答案，一起准备解决方案，我们将有可能创造一种崭新的、成熟的、和谐的文化，将青年时代的激情和动力与老年时代的智慧和经验结合起来。对于许多人来说，老年生活是一个客观存在的问题，也是我们都将面临的现实，因此，反思和寻找答案势在必行。

你可能会说，老年生活有什么可安排的，生活不就是走一步看一步吗？

---

① 李承宪，陈文灿.我决定活到120岁：长寿、活力和生命转变的古老秘诀[M].北京：新世界出版社，2021：19-20.

屠格涅夫说过："一个人应当好好安排生活，要使每一刻的时光都有意义。"

人到老年时，都退休了，还要不要有所追求？有人认为：退后面挂个"休"字，就是叫你好好休息，坐享清福，不要去追求什么了。乍一听似乎有些道理，但并不全面。

追求是一种动力，可以激发人的内在潜力，催人奋进。人的追求是无限的、与时俱进的。追求是一种乐趣，有追求就要耕耘，有耕耘就有收获，有收获就有乐趣。一分追求一分耕耘，一分收获一分快乐，会让人忘却老之已至。

追求是一种健身之道。生命在于运动，动则不衰。适度紧张有利于健康。如果过于清闲，四体不勤，饱食终日，就会闲出病来，坐享清福非真福，辛勤劳动才是福。因此，老年人还应有所追求，干些实事，自寻乐趣，劳其筋骨，调剂精神，活得更有意义。

人生犹如变化的四季，有着不同的色彩，来去匆匆，变化无常。我们在创造人生价值的同时，也该充分享受人生。权力不是万能的，金钱更不能代替一切，俭朴与平淡的生活能培育出生命力极强的小花。所以不必为晚霞落叶悲伤，而要正视现实，把握好人生的第二个春天。老年不再意味着落日黄昏，不再意味着孤独寂寞。"莫言秋色山容淡，山到深秋红更深。"

第5节

从长计议需反脆弱

Logion

逃避让一个人软弱，能直面这些恐惧，是一个人强大的开始。

《反脆弱》是一本能给我带来深刻启发的书。书中所言的反脆弱，简单说来，就是拥有能够在突如其来的变化冲击下获益的能力。

那么，脆弱又是什么呢？脆弱表现为最怕不确定性。例如，我有一位大学同学，是高校老师，她从来不敢坐飞机，她说，因为谁也无法保证飞机一定不会掉下来……她做任何事情都必须四平八稳，因为她厌恶不稳定性。

我们的世界是脆弱的，并不坚固，因为这个世界充满了随机事件和不确定性，而且往往不以人的意志为转移。天灾人祸、生老病死、金融海啸、黑天鹅事件、瘟疫横行（SARS 病毒、

H1N1 病毒、安哥拉病毒、新冠肺炎病毒）等，这些不可预测性事件，会给我们带来沉重的打击，使得世界越来越脆弱，而我们总是无能为力。这种使人无能为力的脆弱性，恰是整个社会风险的推手，愈演愈烈……然而，大多数时间，人们往往对风险视而不见。人们认为不应该发生的事情，事实上正在不断发生，即所谓“灰犀牛事件”。

人要做到反脆弱，一定要克服计较心、得失心、成败心、妄想心、挫折心。

著名漫画家蔡志忠在谈到梦想时说，只要饿不死他，他就会努力追梦。而要饿死他很难，他一天就只需要一个馒头。然后就有人问蔡志忠，一天吃馒头可以，20 年吃馒头也可以吗?

我想说，他们两个人其实不在一个频道上。蔡志忠是可以为了心爱的事每日工作 16 个小时、闭关 48 天不出房门的人，而且他不觉得自己是在工作，而是在享受，享受创造的快乐。

那些名和利只是他在追求快乐做自己的过程中所产生的附加值。而提问者的出发点却是名利，他认为吃馒头是为获得名利而做出的牺牲，他可能并不能从自己做的事情中得到满足。因为有牺牲、有付出，就得要坚持，所以他才会有坚持的问题，而蔡志忠却没有。

有人说，我不可以追求自己的梦想，因为我追不起，我得为了活着买车、买房。如果你还是单身、没有家庭负担的年轻人，你这样说，说明你没有真正的梦想。其实人活着真正需要的并不多，只要有地方住，有东西吃，就可以活下去。

我经常听到有人问：怎样才能一夜暴富？怎样才能一夜成名？怎样才能尽早成名成家？如果一直抱有这样的心态，反而会求而不得。人应该追求的是事物原本的样子。

稳稳地做自己，不要被计较心和得失心所动摇，在这个社会做成功一件事其实很难，会有很多阻力、很多压力。可正因如此，才能显出你真正的热爱，不是吗？结婚之后，不忘初心的夫妇会更加和谐幸福。长大之后，不忘初心做自己的人也更容易让自己快乐。无论是功成名就者，还是艰难挣扎者，千万不要忘了，我们当初的目的是什么。

要想消除妄想心，就要知道妄想心的特点——外逐、散乱、躁动、颠倒、痴迷、执着。要想消除妄想心，就必须改变这些。首先要收拾自己的心，使自己的心变得内观、专一、平静、正见、觉悟、自由，然后才能进一步发挥其妙用。

有人说：妄想来了，不要管它，任它来去。这样的说法很笼统，也很容易被误解。如果不管它，随之而流转，那就是随生灭而轮回的凡夫；如果不管它，保持清净心对待，那就是修小乘清净心；如果不管它，守空心，那就是修大乘本空。

人的一生中，难免会遇到坎坷。有的人面对失败，越挫越勇，知难而进，通过自身不懈的努力，最后取得了人生的成功；然而有一部分人却承受不住失败的打击，面对挫折，心灰意冷，在消极中堕落，经不起考验，半途而废，因自己的脆弱看不到胜利的曙光。那么我们应该怎样面对挫折呢？

正视挫折。任何人一生中都不可避免地要经历顺境和挫折，它们相辅相成、相互转化，是完整人生不可缺少的部分。人只经历顺境而不遇到挫折是不可能的，因此，正视挫折，以平常心对待挫折，就不会受挫。以欣喜的心对待挫折，只有经历了挫折，克服了困难，才能使人成长和进步。挫折的出现会使人的生命更加丰富，更加绚丽多彩。俗话说，无限风光在险峰，经历了一次次磨难后，我们才会更加珍惜现在所拥有的美好。

善待挫折。只有经历了磨难，人们才会变得坚强、勇敢，才能更加理性地思考，改变自己现有的思维和行为模式，找到更好的、更可行的方法去实现自己的目标。积极思维。面对挫折，弱者会把它当作绊脚石，望而生畏，却步不前；对于强者，它却是垫脚石，让人站得更高、看得更远。

接纳挫折。挫折是一个会随时出现在你身边的“朋友”，我们只有真正了解他、接纳他，他才能和我们和谐相处。只要我们能以正常的心态去认识他，知道他的存在是不以任何人的意志为转移的，把他的出现当作对我们现有的方法行不通或者行为有偏差的一个提醒，同时下决心找到更好的方法去改进，完善自我，你就会发现原来挫折也能成为我们忠实的“朋友”。

笑对挫折。培养自己乐观豁达的心态。在哪里跌倒，就在哪里爬起来。人在初学走路时，是多么不顺，但没有一个孩子会因此停步不前，如果我们没有好的心态和克服困难的决心，就永远也学不会走路。积极暗示。人们可以通过积极的暗示获得正能量，受到好的影响，让自己朝着好的方向发展。因此，遭遇挫折时，要暗示自己——失败是成功之母，我一定能行！有了积极进取的心，人就不会被挫折打倒，而是会充满动力，向自己的目标迈进。

第6节

如果自认为老了，你就会变老

Logion

活得漂亮，就是活出一种精神、一种品位、一份至真至性的精彩。

在你人生的自然节奏和结构中，标记的是日历上的时间和过往的岁月。在长寿面前，如果我们想重新诠释年龄，就必须首先破除时间和年龄之间的简单关系。这就要求我们去设想，年龄可以延展——当你能够活得更久，也更有机会健健康康地活到老的时候，40 岁、60 岁和 80 岁分别意味着什么也会发生深刻变化。对你生命中不同阶段的重新规划，也正是以这种延展性为基础的。

从表面上看，“年龄”这个概念好像很直接，就算小孩子也知道是怎么回事。但是，从某种意义上，小孩子对“你多大了？”这个问题的答案有些局限，因为他们纯粹以多少年来衡量时间。年龄的概念既可以是生物学的（你身体的年龄），也可以是社会学的（其他人怎么看待你），还可以是主观的（你觉得自己多大）。对年龄的这些不同理解，我们每天都能听到——“现在我真是感觉自己上岁数了”“他们这个年龄能这样子很不错了呀”“你这个年纪可不该干这种事儿”。

当年龄变得可以延展之后，这些不同概念与年龄之间的关系也会发生变化。到这个孩子 60 岁的时候，他的生物学年龄与他的时序年龄也许会有很大不同，而他对自己的看法也有可能与别人对他的看法大不相同。关于年龄的这些不同概念之间的联系被打乱了，因此我们再也不能用具体的时序年龄来标记我们的人生。

在你的人生中，对于什么是年轻、什么是年老，你会有自己的感觉。随着时序年龄、生物学年龄、社会学年龄和主观年龄相互之间的关系发生变化，“年老”的含义也会改变。在老年学家不断引入的描述年龄的新词中，这一点也非常明显：年过花甲现在叫“青老年”，古稀之年如今是“老老年”，而耄耋之年则叫作“最老年”。

为了更好地认识“年老”的含义，我们还必须引入另一个衡量标准——死亡学年龄。这个概念不是根据你自出生以来已经过了多少年，而是根据你还能活多少岁来定义的。这个概念并不那么直接，因为也幸好，你并不知道自己什么时候会死。所以想要对这个概念有一些了解，我们需要看人口统计和死亡率数据（也就是在特定年龄死亡的概率）。在你生命中的任何时候，死亡率越低，就意味着你死亡的概率越低，你的剩余预期寿命就会越长。因此，死亡学年龄与死亡率呈负相关，你的死亡学年龄也比你的时序年龄更能代表你总体上的健康状况。就人类而言，死亡率越低意味着越健康，也意味着还能活更多年——从某种意义上说，这是一种“更年轻”的表现。

你给予大脑的信息很重要。如果持续梦想，积极规划余生，大脑将充满希望和新期待。它将帮助你保持身心健康，充分调动肌肉、骨骼、器官、神经系统和激素工作。

许多研究表明，积极或消极地看待衰老实际上会影响晚年生活质量和寿命。更令人惊讶的是，一些研究表明，当我们认为“我老了”时，大脑功能会下降。北卡罗来纳州立大学的托马斯·赫斯博士对 60 岁到 82 岁的人进行了记忆力测试，并比较了对自己的年龄与记忆力持消极态度的人和有积极人生观的人。那些对自己的年龄持消极态度的人得分更低。换句话说，消极的想法会让他们的记忆力变得更糟，比如，“我的记忆力很差，因为我老了”，或者“我的记忆力将会变差，因为我是一个老人，人们因此而轻视我”。[①]

2016 年一份对爱尔兰 4135 名老年人进行的为期两年的研究显示，那些对衰老持消极态度的人比持积极态度的人走路更慢，认知能力也不如那些乐观的人。有趣的是，即使药物或其他影响情绪和健康的因素被考虑在内，也会得到同样的结果。该项研究的首席研究员戴迪·罗伯森博士说：“我们对衰老的思考、表达和书写方式直接影响我们的健康。每个人都会变老，但如果我们在一生中对衰老持消极态度，它会对我们的心理、身体和认知健康产生可测量的有害影响。”[②]

---

① 李承宪，陈文灿.我决定活到120岁：长寿、活力和生命转变的古老秘诀[M].北京：新世界出版社，2021：162-163.

② 李承宪，陈文灿.我决定活到120岁：长寿、活力和生命转变的古老秘诀[M].北京：新世界出版社，2021：162-163.

安慰剂和反安慰剂效应。安慰剂效应是一种现象，即一种没有疗效的假药，如果使用者认为其有效，它就会产生真正的效果。相反，反安慰剂效应是指一种实际上有效的药物，却被证明对那些不相信其效力的使用者无效。两者展示了思想对我们身心的强大影响。

我们在晚年给自己传达积极乐观的信息对大脑健康至关重要。当我们喜悦、快乐，认为自己高贵的时候，大脑的运作最活跃，表现也最高效。

信息是大脑的食物。就像为了保护身体健康关心吃的东西一样，我们需要关注让我们大脑健康的信息。如果吃错了东西，我们可能会消化不良或食物中毒，体重增加或减轻，生病甚至死亡。同样，有些信息给我们希望和梦想，而有些信息让我们气馁、生气或悲伤。好的信息能造就好的大脑，正如健康的食物造就健康的身体一样。

关于晚年，你给大脑提供了什么样的信息？从别人那里得到了哪些信息？大胆拒绝那些社会公认却不利于你晚年健康、快乐和充实的想法。不管媒体带来多少令人沮丧的信息，你都可以决定自己对变老的态度。下半生我们可以按照自己的意愿过圆满的生活。珍惜这段时光，发自内心地认为它珍贵而有意义，用能带来期待、激情、梦想和希望的信息不断去激发你的大脑吧！

第7节

百岁人生的践行者

Logion

人生中出现的一切，你都无法拥有，只能经历、明白、了悟、放下。

年近百岁的股神巴菲特曾经说过：“我 99% 的财富都是 50 岁以后获得的。”所以心浮气躁的年轻人，不妨放宽心，人生路还长，只要你不断积累，总有一天量变会带来质变。成功的日子来得或早或晚，但该是你的，谁也夺不走。

现代社会生活节奏很快，一不留神就可能会掉队。但机遇也会不断涌现，一夜暴富好像也不再是神话。这就激起了很多人躁动的心，觉得既然有捷径可走，又何必这么努力？事实上，能靠投机取巧成功的人只是凤毛麟角，大多数人还是要靠自己的努力才能成功。

巴菲特告诫我们耐心很重要，一次的成功，

哪怕是偶然得来的，也需要长期的等待。

我们这一生，时间和精力都是有限的，我们不可能在有限的时间里，用有限的精力把所有的事都做好，但一定能把一件事做好，乃至做到极致。

因此，我们这一生，只要把时间和精力用在专注于做好一件事上，并争取做到极致，我们也可以成为真正的高手。

如果你认真观察就会发现，在现实生活中，不管是哪一行的高手，都是非常专注的人，他们花时间和精力专注于某一方面，不断深耕，不断精进自己，进而成为这一领域的专家乃至大师。

如果你也想成为一名真正的高手，你就要培养自己的专注力，专注于一事，用一生去做好它。

就像丁磊在《相信热爱的力量》一书中说的：“像个傻瓜一样，为一件事坚持，为一个念头疯狂，总有一天我们会找到想要的答案。”

人这一生能把一件事做好就很不简单了。这个道理很多人都明白，但是很多人都做不到。有些人就喜欢贪多，结果注意力分散，什么事也没做好。

一万小时定律讲的就是专注的力量。专注一事，不断重复，做到极致，然后奇迹就发生了。

道理很简单，但要真正做到，不是那么容易的。你得静得下心，沉得住气，耐得住寂寞，守得住孤独，能忍受枯燥无味的重复，懂得聚焦，且不断努力，不断坚持。

如果你能够保持专注，用心去做好一件事，你一定会有意想不到的收获。

你看那些参加奥运会的运动员们，十几年如一日地坚持锻炼，重复一套动作，拼尽全力，做到极致，于是才有了奥运会上那精彩夺目的瞬间。

真正的高手不求多，但求精，不求散，但求专。他们会集中精力，聚焦于一件事，然后用一生的时间去做好它，达到自己的极限。

稻盛和夫说："各行各业所谓的名人、高手，他们在达到这个境界之前，无不踏实努力、孜孜以求。"

巴菲特一生致力于学习投资和研究股票，在学习这件事情上，他表现得极为专注。

巴菲特从小就阅读和学习所有与股票投资相关的书籍。他读遍了父亲收藏的所有书籍后，还专门到哥伦比亚大学的图书馆，在书本的海洋里畅游。通过自己的努力，他获得了宝贵的学习机会，成为当时哥伦比亚大学的教授，同时也是著名价值投资大师本杰明·格雷厄姆的学生。

巴菲特曾说过：每个人终其一生，只需要专注做好一件事就可以了。而读书和学习，就是巴菲特坚持了一生的习惯和信仰。

巴菲特每天绝大多数的时光，都是独自一人在书房或者办公室里静静地度过。他每天就坐在那里阅读和学习。60年时间，他从未间断过读书和学习，这也成就了他的事业。

终身阅读和学习的巴菲特，即使到了古稀之年，还掌管着全世界最大的投资公司，保持着敏锐的思维，以及对工作和生活的热爱。

一个人只有严于律己，长年累月地专注于做好一件事情，并且坚持终身读书学习，才能享有随之而来的成功、荣誉和财富。

巴菲特官方传记《滚雪球》作者艾丽斯说：巴菲特无论做事情还是与人交谈，都相当专注。他从早上来上班的路上到晚上睡觉之前都在思考投资，巴菲特告诉我，强度是卓越的代价。

成为世界首富其实并没有什么特殊的捷径，巴菲特只是通过一生的专注和学习，达到了现在的高度。专注就是巴菲特成为股票投资高手的秘决。

我们都知道，人的潜能是无限的，要想最大限度地发挥自己的潜能，就要保持足够的专注，聚焦于一点。且看那放大镜，将太阳的光线聚焦于一点，便能产生极高的温度，点燃纸木。可见，聚焦的力量是无法想象的。

其实人生也一样，只要我们在某一方面保持足够的专注，就一定能在这方面成为高手，成为专家。

因此，当我们选好了自己要做的事业，就不要轻易动摇，坚持下去，保持专注，尽自己最大的努力去做好它。

真正的高手，并不是高人一等，而是专注于某一方面，在某一方面能充分发挥自己的潜能。

谁都希望自己可以多一次选择，多一项技能，多一种可能。但人的精力毕竟是有限的，想要面面俱到是难以实现的。要正确考量自己的能力，把自己力所能及的事情做精了，然后再去考虑别的。

巴菲特一生只做了一件事，就是投资，其他的任何行业，他不熟悉就绝不会胡乱参与，但谁也不能否认他的成功。把一件事做到极致，就会受到尊重，收获掌声。

做得再多、再快又怎么样？随便一个人就能替代你，这算成功吗？当然不是。同样的时间里，与其做得多，不如专攻一项，十年磨一剑，做到精通，做到谁也无法替代，这才是成功。

做好一件事，是对一个人的毅力和恒心的考量。虽然人们常说“技多不压身”，但如果事事涉足，却事事不精，还不如专注于一件事，做到最好。

在躁动的当代社会里，一辈子只求做好一件事的人寥寥无几。这些人反复做同一件事，不是因为他们笨，而是因为要做的事太崇高，要行的路太漫长。他们不愿半途而废，所以走着走着便如入无人之境，回首不见来者。

第2章

保养是一种生命的领悟

作为一名医生的女儿，从出生到长大，医院、医生、患者、家属对于我来说是再熟悉不过的。生老病死具有客观性、不可避免性。然而，保养却是每个人的天职，是需要不断学习和领悟的。非常庆幸的是，我在学习生涯中，很早就完成了有关生命科学中的解剖学、生理学、医学、营养学等基础课程，至今受益匪浅，收获良多。

第1节

保养如同生命的银行，确保盈余不破产

通过健康的生活方式，我收获了健康与人脉，而且帮助到更多的人，活出了生命的张力与弹性。保险与保养殊途同归，预防的成本最低，并且是一项性价比最高的系统工程。保险是我的使命，保养是我的生命，只有强而有力的生命，才有卓尔不凡的生产力。生命是为使命而服务的。如今，我已经到了接受生命恩典的时候，百岁人生不是梦，健康长久好生活是我的人生追求。

从某种意义上说，健康的身体就是一台具有生命活力的机器，它也需要定期保养和维护，精

Logion

人生总是由不起眼的日复一日组成，但会在某一天的某个时刻突然让你看到坚持的意义。

准的健康体检可以帮助我们更好地了解它的运转状态；我们还需要仔细阅读其“使用说明书”，人体基因检测可以破解身体密码，提前预测疾病风险，帮助我们及早预防。如果一味地使用，却对它不管不顾，可能不知道什么时候便会出现故障，最终导致生病住院。

健康、长寿一直是人类的美好理想，我们的祖先研究过了无数的偏方、秘方、仙方，想要知道究竟怎样才能健康长寿。

我的母亲原是浙江大学附属医院的妇产科专家。母亲非常支持我的事业，她曾多次登台为我的同行及客户分享健康知识与心得，在她擅长的领域发挥着余热。母亲 80 多岁时，腰背挺直，面色红润，开朗健谈，思路清晰，中气十足。按照母亲的观点，适者有寿，平时的预防和保健最为重要。

现代医学最先进、最前沿的要属预防医学，也叫做“治未病”。定期的体检，良好的保健，健康的饮食习惯、作息安排，适时的锻炼，比任何治疗都要有用得多。人生最宝贵的东西就是拥有可以背着行囊走天下的健康身体。因此，千万不要姑息天生的惰性，要养成早睡早起的好习惯，远离暴饮暴食，远离烟、酒、毒品，多运动，多吃健康食品，平时的有效预防和保健胜过任何良药。

健康是一种身体、精神和交流上的完美状态，没有好的心态就不会有真正健康的身体。近年来，在发达国家，心理学治疗法提倡不积累“感情势能”，即心理上受到的外界刺激一定要与承受力保持平衡。因为感情的激升或失落，会使人处于失调状态，造成“感情势能”，其潜在的能量超过一定限度时，就会导致生理代谢紊乱、免疫功能降低，势必引发或加重某些疾病。因此，在工作或生活中，我们要学会释放自己的感受，懂得拒绝与取舍。在精神上保持良好状态，以保障机体功能的正常发挥，来达到防病健身、延年益寿的目的。

因此，真正的健康，除了强壮的体魄，还在于拥有良好的精神状态，遇事不怨天尤人，凡事抱以乐观热忱的态度，拥有积极向上的性格和心境、处处宽容的气度和胸襟，时刻保持一颗平常心。为了健康快乐的人生，我们必须改变，赶走消极、贪婪、懒惰、狭隘、自私……迎来感恩、惜福、愉悦、温馨、知足……

第2节

心理健康是长寿的精神力量

Logion

生命的品质就是一种心态；心态好，生活就会顺利且快乐。

健康长寿是生命科学永恒的话题，健康长寿与豁达平和的心态为伍，心理健康与长寿相伴。一个健康的人，不仅躯体没有疾病，生理功能指标正常，同时还要保持心理健康。健康人应具备良好的心理素质和与社会交流的良好人格特性，保持社会功能的良好状态。

心理健康在一个人的生活质量中起着重要作用，是决定一个人寿命长短的重要因素。

加拿大多伦多大学的研究人员对20世纪90年代中期到2011年的12424名成年加拿大人进行跟踪研究后发现，研究开始时心理健康状况欠佳的人要比心理健康良好的同龄人寿命短4.7

个月。[①]

研究人员在1994年和1995年（第1阶段）对参与者进行了首次访谈，然后一直随访至2010年和2011年（第9阶段）。在第9阶段中，死亡率数据由加拿大生命统计—死亡数据库确定。研究结束时，共有2317名参与者死亡。

这项研究考虑了可能导致过早死亡的常见因素，包括受访者的功能限制、健康行为（如吸烟、酗酒和体育活动水平）、身体疾病（如癌症、心脏病、糖尿病和慢性疼痛）以及社会支持等。在完全调整了这些危险因素之后，研究发现，在研究开始后的18年中，心理健康欠佳的人因各种原因死亡的风险比心理健康者高出14%。

之前的研究已经发现，积极的心态与较低的皮质醇水平、炎症减轻和心血管活动改善都有关联。此外，心理健康程度高的人更有可能食用有营养的食物，坚持治疗方案，保持良好的社会关系，并有更好的睡眠质量，这些可能都有助于长寿。

成年人的心理问题，就像是埋在土里的“引线”，尽管看不见、摸不着，但一旦引爆，就会带来很大的威胁。有人说：成年人的世界，情绪外露是大忌。但长时间隐忍情绪，或许影响的不仅是心情，还有健康。

对于很多中老年人来说，健康长寿是生活的目标。但人们更多地将关注点放在“怎么吃”“怎么运动”上，很少有人知道，心理问题也会影响健康。

人在心情好的时候，吃饭会更香，胃口更好，消化也更加顺畅。但是在吃饭时吵架、生气等，都可能影响食欲，也就是常说的“气都气饱

① 心理健康影响寿命长短 [N]. 健康报，2020-11-08.

了”。这时，人们的肠胃会受到情绪的影响，从而出现消化不良、肠道菌群紊乱等问题，健康也就会受到影响。

年纪大了，人们会因为身体衰老、生活能力变差而觉得沮丧和难过。而且身边的朋友一个接一个地离世，也可能使人们的心理出现很多问题，从而产生“抑郁”情绪。这时如果没有人给予其关心，或者子女关系疏远等，就可能导致出现老年抑郁症等情况。

学会与他人建立社交关系，积极地面对生活中的挫折，并且客观地认识到自己衰老的问题，能够改善抑郁。交流倾诉、运动等方式也能够改善抑郁。一旦明确了患有抑郁症，可以采取药物等方式干预。

当人们处于快乐等状态下，人体会分泌多巴胺等有益的激素，调动人体机能维持平衡。总是处于紧张、压力大等状态下，可能使心血管系统过度劳累，使压力激素分泌增多，扰乱人体平衡。有研究发现，高血压、消化性溃疡、月经不调、动脉硬化等疾病都和心理压力有关。

人们平时应保持一个良好的心态，保持心理健康，以避免抑郁、压力等消极心态对健康造成影响。我们可以自查一下，看看自己是否属于“长寿型心理”，进而及时调整心态，这对健康会有帮助。

只有心理健康的人才可能长寿。因此，在物质生活较为丰富的今天，人们应该更加重视心理健康。

第3节

抗衰老的根本，从基因修复开始

细胞是生命的基本单位，人体健康的根本在于每个细胞的健康。最佳的营养状态才能让细胞发挥复杂的功能，进行自我更新和修复，让疾病远离我们，让健康长寿得以实现。

人体的衰老实际上就是人体细胞的衰老。生物学家海菲力克发现一个规律：细胞在 40~60 次分裂后，即老化死亡，不能再继续培养了。细胞活性和分裂能力的降低是身体衰老的真正原因。要想延缓衰老，就必须提高身体细胞的活力和生命力。

细胞是由细胞膜、细胞液、细胞核组成的。

Logion

不要去采摘那些还没有成熟的果实，否则你的生活一定是苦涩的。

细胞核中藏有基本生命密码——基因。我们每一个人都是从一颗单细胞——精子和卵子结合后的受精卵发育而来的。受精卵在合适的条件下一分为二，成为两个细胞，再由两个细胞分裂成四个，四个分裂成八个，就这样，细胞的数量呈几何级数增长，再通过功能分化，形成一个个器官，最终成为完整的生物个体。

当我们发育时，细胞仍会持续分裂，但是当我们成人时，我们的细胞便开始出现损伤。

人体就像一台细胞复制器，当第一次复制开始时，完整而清晰，但如果持续不断地进行复制，原始样品就会变质退化，细胞中的DNA也是同样道理。

DNA双股的末端称为“端粒”，这些端粒就像是基因的保护罩，保护染色体内的重要基因讯息。每次细胞分裂时，部分端粒便会因耗损而缩短，而这缩短的端粒在下次细胞分裂时会被复制而再次变短，当端粒完全耗尽消失时，细胞即到达“晚年”，因丧失其分裂能力而死亡。

营养学家通过细胞分裂期间的追踪研究，对于延缓老化过程已有突破性的发现。追踪结果说明，如果给细胞提供足够的维生素和矿物质，细胞就能够在健康的状态下进行分裂，亦能维持端粒的长度，而当端粒耗损情况趋缓时，自然可延缓细胞老化的过程。

第4节

肠道健康决定我们的身体健康

Logion

人一辈子，忙到最后，会发现真正的幸福和逍遥，不是拥有富贵权势，而是身体没病、心里没事。

肠道是人体重要的消化器官。肠指的是从胃幽门至肛门的消化管，是消化管中最长的一段，也是功能最重要的一段。肠道内生活着数万亿微生物，它们与身体的其他部位相互作用，影响着我们的健康。

一、肠道是人体的加油站

人一生中摄入的食物约为70吨，这么多的食物都要经过肠道处理；且人体所需的营养物质约 80% 由肠道消化，100% 靠肠道吸收。

一旦肠道功能失常，机体很可能得不到足够的营养支撑，不仅会影响各个组织器官的正常运转，还会让致病因子有机可乘。

二、肠道是人体最大的免疫器官

人体 70% 的免疫力来自肠道；70% 的免疫球蛋白 IgA 在肠道；95% 以上的感染性疾病与消化道有关。

因此，有不少学者认为肠道的健康程度与寿命息息相关。

三、肠道是人体最大的排污厂

人一生中要排出约 4000 公斤的大便，其中的 1/3 是肠道细菌，80% 以上的代谢废物、毒素等经由肠道排出体外。

当肠道排泄受阻，滞留的有害物可能被重新吸收进入血液，形成恶性循环，严重时还会对身体各大系统产生不好的影响，造成如色素沉积，皮肤萎黄，色斑显现；代谢异常，诱发肥胖、心脑血管疾病；肝脏解毒功能降低，引起脂肪肝、肝硬化等疾病。

可以说，肠道的健康状况，在很大程度上决定着人的身体素质！

肠道的内容物除了食物、代谢废物之外，最重要的就是微生物。人体肠道内大概有 1.5 公斤微生物，以细菌为主，分为益生菌、中性菌、有害菌三种类型，通过保持三者数量的平衡，可以维持肠道环境的稳定。

如果肠道健康，致病菌会受到有益菌群的抵抗，随大便排出；如果肠道屏障功能受损，致病菌就会突破肠黏膜的保护屏障进入身体各处，引发多种疾病。

肠道对于我们的身体非常重要，它会影响我们的健康。

四、肠道对其他器官的影响

1. 皮肤

研究发现，像许多其他人体器官一样，皮肤也会对不平衡的肠道功能产生负面反应。肠道功能差的人更容易患上荨麻疹等炎症性皮肤病。湿疹和荨麻疹等是肠道健康失衡引起的免疫反应。在通常情况下，食物是这些诱因的来源之一。

2. 大脑功能

肠道与大脑之间通过脑肠轴不断地进行交流。这种双向的通路将大脑的情感和认知中枢与肠道功能连接起来。很多神经递质实际上是由肠道菌群在肠道内生成的，可影响大脑功能。当肠道屏障的通透性增加时，血脑屏障随即变得渗透性更强，这就会降低血脑屏障保护大脑免于受到血液循环中毒素影响的有效性，甚至减弱身体的正常炎症信号。

3. 免疫系统

免疫系统会对通过肠道屏障的每种物质进行检查。当这道屏障渗漏时，毒素和只得到部分消化的蛋白质就会透过肠道屏障，引发免疫反应。免疫系统大部分（约70%）都位于肠道。这就是人体出现的很多健康隐患通常都与消化问题和食物过敏有关的原因。肠道失衡可能导致多种疾病，如过敏、哮喘、偏头痛和自身免疫性疾病等。

4. 肾脏健康

肾脏与结肠都有助于调节体内盐和水的平衡。肾脏还对排泄水溶性毒素起次要作用；这些水溶性毒素也有可能通过肠道来吸收，或者由肠道微生物对其进行代谢。因此，当肠道内膜受损（有时是服用抗生素造成的）时，肾脏也尤为危险。菌群失调会导致从肠道吸收的毒素数量增加，提高免疫反应，引起全身性炎症反应，进而影响肾脏健康，最终造成慢性肾病。

5. 肝脏健康

与肾脏的功能相似，肝脏也负责人体的解毒功能。几乎所有的物质（包括激素、毒素、药物和代谢产物）都在肝脏中被处理，通过胆汁排泄到肠腔内。大部分在肠道内被吸收的物质都会直接进入肝脏；如果有必要，肝脏会对这些物质进行代谢。

6. 体重

我们的身高和体重会受到所摄入食物的影响。适当补充益生菌可以改善肠道功能，也有助于调节体重。研究表明，人们的体重受到硬壁菌和拟杆菌平衡的影响。肠道微生物中这些细菌优势的确立是由所摄入的食物来控制的。

常言道："欲无病，肠无渣；欲长寿，肠常清。"也就是说：想要不生病，肠道就不能存有残渣，想要健康长寿，就要时常清理肠道。总之，肠道的健康决定着我们身体的健康。有一个健康的肠道，就会有一个健康的身体。

第5节

从人体使用手册下功夫

Logion

人生就像打太极，凡事不能太急，要遵循规律，遵守规矩，踏实努力，形成良性循环。

人体是一部“复杂而精密的仪器”，是自然的杰作，是宇宙之谜！人体内各项生理活动有条不紊地进行，因神经系统的调节和支配，各系统分工协作、各司其职，形成统一的整体，使得人作为万物之灵，能更快速地针对环境变化进行调节。

人的身体作为一部精密的仪器，如果不好好加以爱护，按照说明用心使用，就会损坏。比如身体不喜欢熬夜，我们却总是无限地透支，仅仅为了追剧、“双十一”购物；身体不喜欢垃圾食品，我们却经常为图一时“口腹之欲”而放肆地吃；身体喜欢运动，我们却懒得运动。吃东西，不仅为了填饱肚子，而且为了补充能量，身体需要什么，就应该补充什么，身体不需要的食物只会成为负担。

人体具有自我诊断和部分自我修复功能。就像计算机的各种强大功能都对其配置有一定的要求一样，人体的各种机能对人体的能量也有一定的要求。当能量下降到一定水平时，组织的调节、再生能力就会大打折扣；能量再下降到某一水平时，组织的自我治疗能力就会失去；随着能量的一再下降，人体的废物排出能力、免疫和组织再生能力就会逐一失去。

随着科技的不断进步，人们的生活习惯也在不断改变，这些改变大多都会对人体造成直接或间接，或深或浅的影响。例如，睡眠习惯的改变，很可能使我们占用了身体造血或自我治疗的调理时间，使人体逐渐失去各种功能，造成各种各样的疾病。

人体本身具备许多功能，如果能依照人体所配备的自身条件来使用人体，让人体原先具备的各种功能都能正常发挥，就能确保人体随时都拥有足够的能量，许多疾病就不会发生。就算生病了，人体的自我修复功能也有能力自行修复大多数的损伤。

人体的器官不是独立存在的，每一个器官都是一个系统，包含了器官本体，以及和器官相对应的经络和穴位。这种结构和现代的电灯系统相类似，器官就像灯泡，经络则像是接引电源至灯泡的电线，穴位则像是接在电线上的开关。包含电灯、电线和开关的完整组合，才能称为电灯系统。当灯泡不亮时，可能是没有电，也可能是开关坏了，或电线有问题，又或者是灯泡坏了。而器官的功能不好时，可能是身体的血气（能量）不足（就像电灯没有电），也可能是穴位阻塞（就像开关坏了），或由于经络堆了太多的垃圾形成不畅通的状态（就像电线有问题），或器官出了问题（就像灯泡坏了）。

“头痛医头，脚痛医脚”的俗语，用来形容医疗技术非常差的医生。当患者出现症状时，医术高明的医生必须仔细观察病人，利用所学医术，以及长期累积的经验，找出疾病的真正根源。例如，当我们喝冰水时，如果喝得很急，常常会造成脸部侧面直到太阳穴的部位线状疼痛。从中医的角度来看，那条疼痛的线是胃的经络，因此，这种疼痛表明喝冰水太急时，会伤到胃。这种额头上的疼痛实际上反映的却是胃部的疾病。胃的经络为从头部到脚部左右对称的两条线，当这条经络的头部出现疼痛时，中医会认定是胃部疾病，可以在胃经脚部的穴位进行针灸治疗。

五脏六腑是指人体内的主要器官。中国人把人体内部的主要器官分为“脏”和“腑”两大类。

“脏”是指实心或有机构的器官，包括心、肝、脾、肺、肾五个脏。

“腑”是指空心的容器，包括小肠、胆、胃、大肠、膀胱五个腑。另外，人体的胸腔和腹腔合并起来是第六个腑，称为三焦。

脏和腑除了在性质上有很大的差异之外，其经络的位置也有很大的不同。所有脏的经络都在手臂和腿部的内侧，以及身体的前侧。腑的经络则在手臂和腿部的外侧，以及身体的背面。当人体面临危险时，会本能地屈起身体，所有脏的经络都在身体的内侧，因而受到了非常好的保护，只有腑的经络暴露在外。相较之下，脏的重要性大于腑，如果人的身体真的是造物主所设计，这样的安排是非常合理而高明的。中国人的这种“脏”和“腑”的分类方法，反映了其极高的观察力和智慧。

另外，中医还发现每一条脏的经络都和一条腑的经络紧密相连。例如，手臂上肺的经络和大肠的经络分别在手臂的内外两侧，用针刺治疗穴位时，如果针尖到达的位置是经络真正的所在之处，那么肺和大肠的经络实际上可能只有数毫米的距离。

虽然从解剖学来看，肺和大肠在完全不同的位置，甚至找不出任何关联。但是从经络上看，这两个器官却是紧密相连的，而其两条经络上的各种物理特性，如温度、导电性、体液流动等，都会互相影响。中医就把这两个器官视为相同的系统，称为“互为表里”。

经过几千年的观察，中医也确认这两个器官在发生变化时，经常是同步而且出现同一性质的变化。例如，出现感冒的症状时，中医认为是肺热（热和寒的症状是中医对疾病诊断的非常重要的指标），这时通常也会伴随着便秘症状，中医称这时的便秘为大肠燥热症。

互为表里的情形也发生在心和小肠、肝和胆、脾和胃、肾和膀胱之间。这种“脏腑互为表里”的归纳方法，把原来的十个器官减少到五个体系，人体系统分析诊断的复杂程度立刻大幅下降。也可用五行中的五个元素，来描述所有脏和腑之间复杂的相互关系。

除了这五个主要的脏和腑之外，中医还发现另外四条主要经络。第一条是在手臂内侧的中心线，称为心包经，与心包的机能有密切关系，这条经络功能的好坏直接影响血液运行的状态。第二条在手臂外侧的中心线，称为三焦经，经常会反映胸腔和腹腔的问题，这条经络功能的好坏直接影响“气”的运行状态。第三条在人体躯干正面的中心线，称为任脉。第四条在人体背面，称为督脉。

任脉和督脉与身体所有器官都有关联，是人体最重要的经络。

心包和心脏是在一起的，而三焦却和所有其他的腑都没有关联，因此，中国人就把所有脏腑称为“五脏六腑”。五脏是心、肝、脾、肺、肾，其中的心包含了心和心包两个系统；六腑则是小肠、胆、胃、大肠、膀胱、三焦。除了前面所说的五脏和六腑互为表里外，心包和三焦则是另一组互为表里的经络。

第6节

每个人都应该上一次医学院

Logion

生活就像一枚青果，含在嘴里慢慢品、细细嚼，便有诸多滋味在舌尖蔓延，也甜，也酸，也苦，也涩，必须坦然地接受生活的所有滋味。

我对医学的兴趣，来自我母亲的早年熏陶。

医学是一门研究疾病的科学，它建立在对疾病和健康的观察和实践基础上，并在宏量的治疗实践中总结出了一套有效的疾病干预办法。而在医学的建设过程中，医生和患者都是医学的实践人。

得益于医学实践者的奉献和努力，医学已经取得了巨大的成就：更细分的研究领域、更精尖的研究成果。医学每个细分领域的建设者都在通过自己的努力来实现医学的成功。现如今诸多严重疾病已能被治愈，对很多传染病也实现了提前预防，人类健康存活的时间也更长了……我们已经看到了医学实践的强大力量，我也相信医学将继续实现更多的可能！

到 2019 年为止，薄世宁医生在北京大学第三医院工作了整整 18 年。薄世宁医生在重症医学科工作，也就是我们所知的 ICU。ICU 的工作就是把所有最危急的病人的生命体征先稳定下来，然后再送回其他科室继续原发病的治疗。

在 ICU 工作的薄世宁医生每天想的都是“怎么让病人活下来”。因为只有先活着，才能有然后。人们可能会觉得送到 ICU 的病人都是得了很严重的疾病，抢救成功率会不会很低呢？薄医生告诉我们，他们的抢救成功率在 90% 以上。

人类在面对灾难、面对病痛时，都渴望医学，并渴望对医学的认知。这让薄世宁医生有了一个妄念：每个人都应该上一次医学院。医生能救的人毕竟有限，如果每个人都上过医学院，那么他们对世界、对科技、对生命、对人生、对自己，认识上会有什么不同？

一、医学的本质在于生命的自我修复

“在进化演变中，人的基因是不完美的，器官是不完美的，人体适应能力是不完美的，进化这样做是为了利益和风险的平衡。而医学的目的只是在尽力弥补这种不完美。”[①]

正是因为这各种各样的不完美，衍生出了疾病。可以说，疾病的本源就是人类进化的不完美，遗憾的是，我们无法消除这种不完美，因此，我们就注定和疾病共存。然而我们大可不必谈病色变，就进化而言，疾

① 薄世宁．薄世宁医学通识讲义 [M]. 北京：中信出版社，2019：42.

病就可以成为进化的动力，帮助我们繁衍，我们的免疫系统在一次又一次和疾病的对抗中变得日益强大。比如我们感冒的时候，感冒病毒会不断袭击我们的免疫系统，免疫系统也会因为这样的刺激而变得越来越强大，这样就可以抵御更严重的疾病。

免疫系统可以帮助我们抵抗疾病，这就不得不说我们在战胜疾病时的必经环节：自我修复。而人体的自我修复主要靠细胞分裂。比如我们的皮肤上划了个伤口，很快就会长出新的组织来填充这个伤口；骨折之后，骨折的地方会长出骨痂，逐渐让断裂的部分愈合。这些都是靠细胞的分裂来完成的。

如果我们的自我修复跟不上就需要医学来支持了。从这一层面来说，医疗就是用外力给自我修复赢得时间、创造条件，等待自我修复最终发挥作用、战胜疾病。所以说，就本质而言，拯救我们的还是我们自己。

二、面对疾病，我们更需要的是冷静

信息的不对称是造成如今大多数医患关系紧张的最主要原因。面对疾病，我们需要更多的知情权。

面对未来可能到来的住院治疗，我们需要冷静下来，理解医生，做到知情、选择、寻求支持。按照《薄世宁医学通识讲义》一书建议，知情需要问5个问题：我真的需要做这个检查、治疗或者手术吗？有什么风险或者不足之处？可能会有什么副作用？还有其他更简单、更安全的选择吗？如果我什么都不做，会怎么样？在了解了这5个问题的答案之后，就是自己与医生共同做出选择了。我们可以向医生、亲人、朋友寻求支持，但是首先选择的对象应该是自己的住院医生。只有对自己的病情有了充分的了解，我们才能和医生一起共同选择更适合自己的治疗方案，从而战胜疾病，重回健康。

三、关于生和死

每个人都希望自己身体健康。通过以上内容，我们应该有这样的认识：健康并不是排斥疾病，而是可以包容疾病的；健康是生病以后又能康复的。康复要靠我们自身的免疫力，这是健康的底层逻辑。那么，我们要如何提高免疫力，保持健康呢？

通过接种疫苗保护内共生，得小病可以提高免疫力。此外，我们需要尽量避免接触病毒、致癌物，避免喝过烫的水，戒掉不健康的饮食习惯和高热量摄入从而远离肥胖等危害健康的高危因素。这样，就会减少日积月累的对器官和细胞的损伤，减少修复和代偿的压力，也就从源头上减少了疾病的发生。

在日常生活中，我们可以通过注射疫苗来预防或者治疗慢性感染，不抽烟，不过度喝酒，不熬夜，少吃糖，少吃红肉和加工肉类，少吃盐，多吃膳食纤维多的食物。这些好的生活习惯就像投资健康一样，可以为未来储存健康。

说完了健康生活，再说说我们不得不面对的最终结局：死亡。俗话说："好死不如赖活着。"在这一思想下，即使只剩下一线希望，我们也会坚持让亲人做手术、做化疗。然而我们却很少会想到，有些病是不能治愈的，有些病即使治好了也会留下相当多的后遗症。换位思考一下，如果我们是生病的那个人，当独立自主的生活不能再维持时，我们该怎么办？我们还会固执地要耗尽最后的金钱来换取残缺的躯体和痛苦的最后的日子吗？

由此，我不禁想如何能做到“善终”。

《薄世宁医学通识讲义》一书中告诉我们善终的六个要素：无痛苦地死亡；公开承认死亡即将到来；在家中家属和朋友的陪伴下去世；内心冲突和未尽事宜都得到解决；认定死亡是个体的成长过程；以与个人爱好和特征相符的方式死亡。了解到善终的这六个要素，也就能全面正确地认识死亡。医生所做的就是在无法逆转结局的最后时刻，在伤害最小、尊重最大的原则上，让病人舒适和有尊严地死亡。

死亡是生命最终的归宿，正确地认识死亡，就会认识到虽然我们无法改变既定的命数，却可以尽可能地从容体面地面对。

医学不仅是一套博大精深的知识体系，更是一套富含了生活哲理和态度的认知体系。让医学的智慧为我所用，我们就可以完成自我救赎，做自己和家人的守护者，面对疾病也不会感觉渺小和无能为力了。

第7节

体力就是生命力，最长情的运动是走路

Logion

岁月的每一页都不会徒劳翻过，即使百般难舍，也要告诉我们该走过的要走过。

毕业于杭州青少年体校的我，从小就接受体力训练和意志品质的训练。直到今天，我仍然非常明了保持体力和适当运动节省体力，以及避免身体无谓透支导致身体的伤害与早衰的必要性。

一个人生命的长短、幸福指数的高低与生命力成正比。生命力强者生命就长，幸福指数就高；相反，生命力弱者生命相对就短，幸福指数必然低下。

体力是生命力的根本保证。身体健康是学习、工作、生活之本，拥有一个健康的身体，才能拥有一切。一个人赤裸裸而来，不带任何财

富而去，生只带来一个身体，死就是这个身体的终结。可见，人的一生只有一个身体是真正属于自己的。身体健康，生活就有质量，就有乐趣，就有奔头。如果一个人没有健康的身体，疾病缠身、痛苦难受、软弱无力，每日处于病痛之中，即便是亿万富翁也没有快乐和幸福可言。所以说，一个人要保持旺盛的生命力，就要身体健康，具有充足的体力。

走路既是人类最独特的运动，也是最完美的运动。从人类进化的历史来看，走路是最适合人体结构的运动。

人类祖先直立行走之后，解放出的双手用来制造并使用各种工具和武器，从而促使大脑越来越发达，并催生了语言表达功能和思维功能。现代人类最终能从万物中脱颖而出，成为地球唯一的主宰，非常关键的原因就是——人类是地球上唯一用双足直立行走的哺乳动物。这是人类顺应天意的必然结果。

当然，为了追赶猎物或避开猛兽，原始人类有时也会有跑步、跳跃、爬树或游泳等运动，但与每天为了生存到处寻找野果、坚果和植物根茎等食物，以及开展狩猎活动所消耗的大量的行走时间相比，以上这些运动都是很短暂的，其影响也是很小的，对人类进化影响最大的还是直立行走。

人类从离开森林开始到现在，双足直立行走大约已有1000万年了，这是一个什么样的概念？应该说，大自然在人类走路运动的大花园里，已经植下了各种美丽花朵的种子，这些种子已经发芽、长大并开出了美丽的花朵，结出了丰硕的果实。进化使现代人类身体的每一条肌肉、每一块骨骼以及所有脏器，甚至包括每一个细胞，都已经适应了双足直立行走。

可见，走路之所以对人体养生有那么多好处，确实是有其深远的历史背景和深刻的科学道理的。从人类进化的过程和结果来看，走路还能促进全身的血液循环，可为人体提供更多的氧气，使人体得到更多的营养成分，同时能把人的机体深处的代谢废物最大限度地排出体外。从这个意义上讲，走路是最适宜人体结构的运动。

走路，虽然每个人都会，但要想达到锻炼效果，还需要加点技巧，并且不同的人群应采用不同的走路方式。

一、体弱者：甩开胳膊，大步跨

体弱者要想达到锻炼的目的，每小时走 5 公里以上最好，走得太慢达不到强身健体的目的，只有步子大，胳膊甩开，全身活动，才能调节全身各器官的功能，促进新陈代谢。而且最好在清晨和饭后进行，每日 2~3 次，每次半小时以上。

二、肥胖者：长距离健步走

肥胖者可以每日 2 次，每次 1 小时，步行速度要快一些。这样可以使脂肪燃烧，从而减轻体重。

三、高血压患者：前脚掌着地挺起胸

高血压患者走路，步速以中速为宜，行走时上身要挺直，否则会压迫胸部，影响心脏功能。走路时要充分利用足弓的缓冲作用，前脚掌先着地，不要后脚跟先落地，否则会使大脑处于不停的振动中，容易引起头晕。

四、冠心病患者：缓步慢行

冠心病患者走路速度不宜过快，以免诱发心绞痛。应在餐后 1 小时后缓慢行走，每日 2~3 次，每次半小时，长期坚持可促进冠状动脉侧支循环形成，有助于改善心肌代谢，并降低血管硬化风险。

五、糖尿病患者：摆臂甩腿挺起胸

糖尿病患者行走时步伐尽量加大，挺胸摆臂，用力甩腿。最好在餐后 1 小时进行，以降低餐后血糖升高风险。每次行走半小时或 1 小时为宜。

但对于正在用胰岛素治疗的患者，应该避开胰岛素作用的时间，以免发生低血糖反应。

六、其他健康人群：健步走

如果身体承受不住跑步，不如选择健步走，既能强身健体，又可减轻对关节的损伤。长期坚持下去，效果会优于跑步。

体力就是生命力，体力与生命力成正比，改善身体状况是增加生命力的最佳方法，而走路是最好的运动方式之一。

第3章

财务规划——增加生命自由度

面对人生不确定的风险，唯一可做的确定性的准备，就是提前做好财务规划，这是人生的底线，体现了反脆弱的人性法则。

第1节

财富充沛是长寿的物质保障

琳达—格拉顿以及安德鲁—斯科特在其著作《百岁人生》中，为我们描绘了一幅区别于传统“三段式”人生的“多段式”百岁人生画卷。在“三段式”人生中，我们首先要接受教育，其次要就业，然后就是退休，这是一种单向的线性发展方式。但在长寿时代，我们将拥有更多时间去做出人生选择，在不同阶段之间的过渡也将成为常态。比如，40 岁辞职去旅游，50 岁结个婚，60 岁再回到大学学习一门新技能，70 岁开始重新创业……我们该如何去适应这前所未有的“多段式”人生呢？一个关键问题就是我们得有一个与长寿人生相匹配的财务规划。

Logion

心动不如行动，虽然行动不一定会成功，但不行动一定不会成功。

优雅的晚年生活离不开金钱的保障。在百岁人生中，如果你只想靠养老金来保障晚年生活，那你就得有延长工作年限、干到七八十岁才退休的觉悟。这是因为，目前政府养老金制度采用的是“现收现付”制度，老年人的养老金需要现在工作的人来负担。根据第七次全国人口普查的数据，中国的总和生育率创新低，甚至低于一些发达国家的水平。这也意味着，未来一段时间内的劳动人口将越来越少，养老金负担将越来越重。因此，如果想拥有更丰富的晚年生活，我们仅指望养老金养老是不现实的，还是要靠我们自己，提前做好养老的储蓄规划。

早在20世纪90年代，国内便开始探索建立三支柱养老保障体系。有别于政府主导的基本养老体系第一支柱以及企业主导的补充养老第二支柱，第三支柱是个人养老金账户制度，它有望参与公募基金、私募基金、保险等投资，是提高长期养老收益的理想选择。

只有提前为漫长的人生未雨绸缪，才能在不同人生阶段的过渡中过得游刃有余。正如《百岁人生》的作者所说，“你有建造大教堂的潜力，而不是购物中心”。可以深刻思考一下：大教堂与购物中心的区别在哪里。

我跟一个客户在谈养老金规划的时候，他认为养老金有一些就够了，其余的该花就要花。那么，多少才算够？晚年保健、医疗的钱都准备好了吗？你现在挣到的金钱并不代表你将来能够自由支配的金钱，能够留在手中的才是真正属于你的钱。

对于一个人来讲，金钱意味着什么？金钱意味着人生自由，是衣食住行、生老病死、教育、旅行的基础。拥有足够的金钱可以让人在大部分情况下轻松自由地生存。比如，你可以去全球旅行，让你的孩子接受最好的教育，为全家提供最好的医疗保障，为自己年老时提供与年轻时同等质量的生活等。而我们的社会养老金只够我们勉强活着，只能维持最基本的生活。

生老病死伴随我们的一生，衣食住行是每日每夜的填充。人的一生都在消费，你是否有足够的金钱来支撑你的消费？什么是真正的财务自由？就是当你不工作的时候，也不必为金钱发愁，因为你有其他投资；当工作不是你养家糊口的唯一手段时，你便自由了，你也因此获得了快乐的基础。因此，为什么要理财？理财不是发财，理财是让你诚实、理智地面对自己的金钱，并充分发挥金钱的力量，享受一直变化着的生活。保险理财就具备了这样一种特质和功能，让你熟知自己的金钱，直至你可以完全驾驭自己的金钱，并获得人生的自由。

第2节

解除生老病死的后顾之忧

Logion

成功就是简单的事情重复做、重复的事情用心做。做出自己的风格，不忘初心，不忘感恩，明白一切都是最好的安排。

人的一生是充满风险的一生，生老病死的循环我们无法逃避，只有保险才能为你的未来保驾护航。

保险就是为了处理可能发生的特定事故，由多数人预先累积可能需要的资金，以便在事故发生时，能够依约定领取资金，保障自己或家人经济生活安定的方法。生——从生下来到自己能独立之前的这一段时间，子女必须依赖父母抚养，一旦父母的收入中断，无法尽到责任时，在目前小家庭居多、互助力量单薄的情况下，人身保险就可作为长久收入的替代者，父母如果不买保险，会使子女生活于不安的日子中。老——老是人生必经的阶段，本身并不可怕，老了而无充裕的生活费用才真正可怕。足够的退休养老金，可使一个老年人生活得优裕而且有尊严。病——好汉最怕病来磨，由意外事故造成的一次伤害就可能使人终身瘫痪，一种慢性病（如癌症）就可能导致长时间的病痛折磨，这对当事人及其最亲密的家人来说都是痛苦难堪的。有了保险并不能保证不会发生事故，但起码可以保证出事时有一笔长期且充足的医疗费用。死——人即使离世，也还是会留下钱的问题：自己所花的最后一笔钱；配偶及子女的生活费；如果很幸运您是一个财产很多的人，那么未来遗产税可能会给您的子女带来一些困扰，因为遗产税需以现金支付……而人寿保险的给付，可以解决这些问题。

生老病死是我们每个人都要面对的自然规律，而其中“老”将占据我们人生超过 1/3 的时间。在这么漫长的时间里，有的人过得丰富多彩，而有些人则不得不面对生活质量骤然下降的危机。想要老年生活过得有底气，想要提升自己老年生活的幸福指数，想要在年老时过“不差钱”的优哉生活，势必要及早地、多方面地考量，做足功课，做到心中有数。

我们无法掌控自己的身体健康和生活状况，就像我们无法掌控天气一样，当生活“变脸”时，人们需要一份保险作自己的坚强后盾，因此保险的作用非常大。当人生风雨来临之时，保险将为您撑起一把伞，给您提供强有力的经济保障，使您从容应对人生的风险。保险有十大黄金价值，这是其他任何一种理财方式都不具备的。了解并弄懂保险的这些价值，就能充分利用保险，让保险为我们服务。

一、老有所养——保险确保晚年生活无忧

生老病死是所有人都必须经历的生命过程，我们不能控制自己的生死和衰老，但是完全可以将“老”掌握在自己的手中！养老难是一个普遍性的问题，但是通过人寿保险就可以确保每个人都能老有所养，安享有尊严的老年生活！

二、病有所医——保险让百姓看得起病

怕得病不代表不会得病，一旦身体发生问题，小病的费用自己还可以应付，大病则需要一笔高昂的医疗费。购买足额的医疗保险，可以让人不幸罹患大病后不至于被庞大的医疗费打倒，能够得到更好的治疗；也可以使家庭保持稳定的生活品质。

三、爱有所继——保险让爱得以延续

父母不在了，未成年的孩子靠什么活下去？失去至爱伴侣，另一半怎么办？人类的爱与责任让我们希望亲人、朋友们永远得到照顾，但没有人可以预知生命中的不幸。不幸发生后，家人可能因此陷入失去亲人的痛苦和失去依靠的困窘之中。在我们还安好的时候，为自己购买足够的人寿保险，这样即便发生不测，保险也会将你的爱延续下去。

四、幼有所护——保险为孩子的未来保驾护航

再苦不能苦孩子，再穷不能穷教育，父母宁愿自己勒紧裤腰带也要把最好的给孩子。保险就是让父母在孩子幼小时提前进行财务安排，确保无论发生什么情况都有一笔教育金提供给孩子，并能为孩子的成长保驾护航。

五、壮有所倚——保险解除你的后顾之忧

社会生活节奏越来越快，竞争也越来越激烈，减薪、失业已不再新鲜。当收入减少甚至失去经济来源时，个人和家人的生活会陷入困境。如果能提前做好规划，那么保险能为每个人的现在和将来担起重任，使其在人生黄金期解除后顾之忧，把握每一个发展机会，尽情展现个人才华。

六、亲有所奉——人寿保险养双亲

随着越来越多的疾病呈低龄化发病的趋势，白发人送黑发人的人间悲剧屡屡上演。百善孝为先，一个孝子，不管收入多少，应先为自己购买一份保险，受益人写上父母的名字。这样即便遇到不测，也能让保险继续代为承担奉养父母的责任。

七、残有所仗——保险保障我尊严

意外难以预料，每天都会有人因遭遇意外而伤残。一个人不幸残疾时，他将要面对的是生活习惯改变、生活水准下降、生活费用需要别人资助，追求的梦想也可能随之破灭。如果之前有投保，保险提供的伤残保证金将成为残疾人积极面对生活的最有力支撑。

八、钱有所积——小钱变大钱，增值有保障

投保人寿保险除了可以获得一定保障外，也是一种投资，投保人可以从保险公司得到投资收益，达到长期累积财富的目的。

九、产有所保——最安全的保值方法

投保财产保险后，如果你的房子、首饰、汽车、高档家具等资产及其有关利益因自然灾害或意外事故遭受损失和损害，保险公司会依照保险合同的约定，承担赔偿责任。此外，保险还有财务规划的作用，可以保证家庭资产的保值增值。

十、财有所承——积累一生财富，无憾惠泽亲人

即使是身家千万的有钱人，也少不了因投资实业、购房置地等背负

银行贷款，而保险能更好地让我们实现“只留爱不留债”。

没有人因为买了保险而倾家荡产，却有人因为没买保险而人财两空！保险不能改变你的生活，却能防止你的生活被改变！保险，让生活更美好！

著名学者胡适的一句话道出了保险的真谛：“保险的意义，只是今日做明日的准备，生时做死时的准备，父母做儿女的准备，儿女幼小时做儿女长大时的准备，如此而已。”今天预备明天，这是真稳健；生时预备死时，这是真旷达；父母预备儿女，这是真慈爱。

一张保单就是一份无言的爱与责任，它把爱写进合同里，陪伴你一辈子。

第3节

持续创造与生命同长的现金流

Logion

其实一个人的贫穷，从来不在于出身和环境，只有穷了品行与心性，穷了思维与见识，才是无可救药的贫穷。

长寿，对于我们来说，情感上是温暖的，但与此同时，经济上也面临不容小觑的一笔既定支出，倘若论及生活品质，就更是一笔不小的数目了。但是若能提早规划，善于运用新时代的金融工具，是一定可以在不久的将来为我们减轻很大一部分经济压力的。

随着我国人口结构的变化，应对人口老龄化已经上升为国家战略。2019 年，中共中央、国务院印发了《国家积极应对人口老龄化中长期规划》，近期规划至 2022 年，中期规划至 2035 年，远期展望至 2050 年。养老财富储备是其中的一个重要方面，内容涉及总量扩大、结构优化、效益提升等。

作为养老财富储备中不可替代的资产，商业养老年金保险引起了人们越来越多的关注和重视。商业养老年金保险属于年金保险的范畴，其与储蓄存款、房产、养老基金等其他金融工具共同构成了养老第三支柱，即个人储蓄计划部分。

许多人习惯于从产品层面来考虑如何配置商业养老年金保险，因此不可避免地会出现配置不合理的状况。毕竟商业养老年金保险只是众多养老第三支柱工具的一种，养老规划也仅仅只是家庭规划的一小部分。因此，商业养老年金保险的配置更应该从家庭资产配置的角度进行整体规划。那么，如何将商业养老年金保险与其他金融工具相搭配，以更加合理地满足个人当下消费和未来的养老需求呢？

首先，结合家庭预算，参考一些常用模型，确定可用于购买商业养老年金保险的资金。如金字塔模型阐述了家庭资产配置的优先级，认为满足家庭3~6个月支出的现金储备以及重疾险、医疗险和意外险等保障类产品具备最高的优先级，应该被优先满足；次优先级是可以用于储备子女教育金、养老金或者其他专款专用资金的年金保险，满足这些需求的年金保险也有一定的优先级排序；在此之后，才会考虑投资类型产品。当然，预算的确定还应该考虑家庭生命周期等因素，以确定防守性资产和进攻性资产的配置比例。

其次，以终为始，合理规划商业养老年金保险。这需要结合上一步确定的预算以及对养老生活的规划来进行。养老年金的领取金额应该能够覆盖确定的养老生活开支。一般来讲，衣食住行等基础养老需求必须得到覆盖并留有一定富余的空间。老年大学、海外旅游、高端养老院等品质养老的需求，也应在具备预算条件的情况下提前规划。具体保险额度的测算可以结合养老金替代率进行。另外，由于受制于预算约束，商业养老年金保险配置很可能需要分步实施，甚至可以随着收入或者形势的变化而不断调整规划，但配置时间肯定是越早越好。

再次，必须选择保险期间为终身的商业养老年金保险产品用于基础保障。只有这样，才有可能真正建立起与生命等长的现金流。快返型年金保险或者定期型年金保险无法转移“活得久”的风险，可以将其与养老基金、储蓄存款等金融工具放在一起，作为商业养老年金保险的补充。

最后，用于养老的商业养老年金保险必须重视其确定性。无论是分红型还是“年金 + 万能账户”的产品形态，应该重点关注明确写入合同的现金流入能否与满足需求的现金支出相匹配。而且应该尽量保证合同约定的现金流入无法被轻易改变，以确保保单专款专用于养老。

综上，在人口老龄化的大背景下，养老年金应提早规划，借助“时间 + 复利”的力量，为老年生活打下坚实基础；也应动态调整，随收入状况和需要准备额度的变化而不断完善。

年金保险能够帮助投保人或者被保险人在一个较长期限内转移收益不确定的风险，这其中包括低收益甚至亏本的风险。例如，10 年期、20 年期甚至更长期限的定期年金保险会通过合同锁定未来的现金流，并以这个锁定的现金流来满足客户的某些特定现金支出需求。

从养老保障的角度来看，年金保险风险转移功能的价值更大。“活得久”是人生三大风险之一，年金保险则是转移这一风险最有效的工具。那么，“活得久”究竟包括哪些风险呢？

首先，养老储备目标难以建立。人均寿命的增长已经成为一个相对确定的趋势。长寿是一种幸福，但“人还活着，钱却没了”则是一种悲哀。究竟应该拥有多大规模的养老储备？寿命的不确定性使其难以预估。

其次，养老储备损失的可能。养老基金、房产、存款等都是个人资产存在的形式，也是第三支柱养老金的重要组成部分。但是，无论持有以上何种资产都可能面临本金或者收益损失的风险，如房产的贬值、股价的下跌等。这会导致养老储备目标确定了，但是却难以进行充分准备。

再次，养老储备被惦记或者挪用。当老年中后期到来时，个人对生活和金钱的掌控能力必然降低。此时，养老储备很可能会因为骗子的惦记、亲朋好友的借用或者子女的需要等原因而失去其养老功能。

最后，养老储备不足还可能传导至生活方面，如能否自尊、自立地活着。

以上风险能够通过房产、股票、基金、银行理财等产品转移或者规避吗？答案是否定的！因为这些资产都在试图用一种不确定性去应对另一种不确定性。

养老年金保险则不同，安全性和确定性是其无可比拟的优势，它可以持续创造与生命等长的现金流。这类产品会以合同的形式明确约定未来可以终身领取的现金流，并且通过提供持续、稳定、安全和终身领取的现金流帮助客户把相关风险转移至保险公司。在负利率的大趋势下，养老年金保险的价值显得更加巨大。

第4节

确保财富管理基业长青、惠泽后代、永续经营

Logion

突破贫穷的起点是用正确的信念和思想来突破行为和现状。

财富管理是近年来在我国金融服务业中出现的一个新名词。“财富管理”，顾名思义，就是管理个人和机构的财富，也可以简单概括为“理财”，但又区别于一般的理财业务。“财富管理”的出现将我国金融服务业分为两个不同的理财业务时代：一个是早期的理财业务时代；另一个则是经过发展与改进的成熟的理财业务时代——财富管理时代。

财富管理包括：现金储蓄及管理、债务管理、个人风险管理、保险计划、投资组合管理、退休计划及遗产安排。其主要功能是帮助我们

制定及达成财务目标。这些目标可以是债务重整，可以是子女教育经费，可以是购买汽车或房屋，也可以是退休以后的生活保障。财富管理，不但可以增加我们的投资收入，而且可以帮助我们累积更多的财富，为我们提供更好的保障，从而提高我们的生活水平，改善我们的生活条件，促进我们更好地生存和发展，满足个人与家庭不同层次的物质与精神需求，实现人生的梦想。

身处信息科技发达的社会，人们的时空距离不断拉近，事物变化的速度加快，这使人们对财富管理的需求愈加迫切，我们必须正视财富管理，以使财富保障得以健康进行。透过财富管理，我们可以更清晰地了解自己所面对的风险及知道如何做好风险管理。我们所面对的不同风险，主要包括早逝、失业、自然灾害、个人财产意外及退休生活缺乏保障等。风险管理的方法则有避免风险、承担风险、转移风险、保险、分散投资及对冲等。在管理过程中，做出适当的预算计划，可改善入不敷出的情况及进行债务管理，从而减轻债务压力。

财富管理也包括制定遗产计划，以减少我们过世后遗产承继人之间的争议及降低相关费用。目前中国香港已取消遗产税项，但有些国家仍有此税项，因此要考虑遗产的问题。现实中，有些人节衣缩食，将每月仅余的积蓄存放于银行；有些人则疯狂消费，挥金如土；还有些人饱读诗书，收入丰厚，但面对金钱管理，则一塌糊涂、乱七八糟，甚至成为负资产一族。这反映出每个人面对金钱都有不同的价值观。

财富管理在人生中占有非常重要的地位，无论亿万富翁、中产阶级还是草根阶层，凡涉及金钱者，均有财富管理的需要。因此，每个人在赚取工资、租金、利息及利润，扣除消费及资本投资后，便需考虑如何处理剩余的部分，以备不时之需。这些正是财富管理活动的开始。

财富管理是指为高净值人士提供各种金融服务，以求达到保存、创造财富等目的。这一业务在欧美地区已盛行多年，近年来在亚洲地区也逐渐发展起来。财富管理业务的流程是充分了解客户，在此基础上进行资产配置，筛选合适的金融产品，跟踪资产配置方案并有所调整，以实现客户财富保值增值的目标。

很多家庭深知理财的必要性。“你不理财，财不理你”这句话其实是非常有道理的。理财对于个人以及家庭，自然是十分必要的。虽然现在很多家庭的收入增加了，但是物价也涨了，人们要花更多的钱来保证原来的生活质量，生活节余可能比以前更少。所以说，理财是家庭以及个人必须要重视的事情。如果没有良好的消费习惯，不能科学理财，那么高收入也并不代表家庭就拥有较多的资产。

理财并不单单是挣钱，理财与投资并不能画等号。理财关注的是人生规划中资产的合理配置，不但要考虑财富的保值增值，更要保证个人或者家庭的财务安全。理财在追求投资收益的同时，更多注重的是人生规划、风险管理规划、投资规划、养老规划、遗产规划等一系列的人生整体规划。

在理财规划实际工作中，财务安全和财务自由目标体现在现金规划、消费支出规划、教育规划、风险管理与保险规划、税收筹划、投资规划、退休养老规划、财产分配与传承规划八个具体规划中，集中表现为以下八个方面：

一、必要的资产流动性

个人持有现金主要是为了满足日常开支需要、预防突发事件需要、投机性需要。个人要保证有足够的资金来支付计划中和计划外的费用，所以理财规划师在现金规划中既要保证客户资金的流动性，又要考虑现金的持有成本，短期需求可用手头现金来满足，预期的现金支出要通过各种储蓄或短期投资工具来满足。

二、合理的消费支出

个人理财的首要目的并非个人价值最大化，而是使个人财务状况稳健合理。在实际生活中，减少个人开支有时比寻求高投资收益更容易达到理财目标。通过消费支出规划，可以使个人消费支出合理化，使家庭收支结构大体平衡。

三、实现教育期望

教育为人生之本。随着时代的变迁，人们对教育水平的要求越来越高，再加上教育费用持续上升，教育开支的比重变得越来越大。客户需要及早对教育费用进行规划，通过合理的财务计划，确保将来有能力合理支付自身及其子女的教育费用，以充分达到个人（家庭）的教育期望。

四、完备的风险保障

人的一生中，风险无处不在。理财规划师通过风险管理与保险规划做到适当的财务安排，将意外事件带来的损失降到最低，使客户更好地规避风险、保障生活。

五、合理的纳税安排

纳税是每一个人的法定义务，但纳税人往往希望将自己的税负降到最低。为达到这一目标，理财规划师可通过对纳税主体的经营、投资、理财等经济活动的事先筹划和安排，充分利用税法提供的优惠和差别待遇，适当减少或延缓税负支出。

六、积累财富

个人财富的增加可以通过减少支出来相对实现，但个人财富的绝对增加最终要通过增加收入来实现。薪金收入有限，而投资完全具有主动争取更高收益的特质，个人财富的快速积累更主要靠投资实现。根据理财目标、个人可投资额以及风险承受能力，理财规划师可以确定有效的投资方案，使投资带给个人或家庭的收入越来越多，并逐步成为个人或家庭收入的主要来源，最终帮助家庭实现财务自由。

七、安享晚年

人到老年时，其获得收入的能力必然有所下降，所以有必要在青壮年时期进行财务规划，实现晚年“老有所养，老有所终，老有所乐”的有尊严、能自立的生活目标。

八、合意的财产分配与传承

财产分配与传承是个人理财规划中不可回避的部分，理财规划师要尽量减少财产分配与传承过程中发生的支出，协助客户对财产进行合理分配，以满足家庭成员在家庭发展的不同阶段产生的各种需要；要选择遗产管理工具和制订遗产分配方案，确保在客户去世或丧失行为能力时能够实现家庭财产的世代相传。因此，理财虽然包括投资，但远远不止投资，投资更多的是解决资金问题，促使家庭财产保值增值；而理财却是一个相当全面的系统，通过理财能使人实现财务自由，即财务自由就是理财的最终目的。

第5节

真正的养老从失能开始

Logion

拥有了强大的内心，就不是生活左右你，而是你驾驭生活。

我们经常听到这样的声音：养老？养老还早着呢！想那么远干吗？

很多人之所以没有把养老的事情放在心上，有以下几个原因：

一是大家都还年轻力壮，没病没灾，不清楚年老之后每天生病吃药的感觉；

二是离养老还有几十年，现在讨论离我们太遥远的事情没有意义；

三是就算退休，有基本退休工资，还有年轻时几十万乃至上百万的储蓄，感觉退休后也花不了多少钱。

如果你们这么想，那就大错特错了。

大家都把65岁退休当成养老开始的标志，也把65岁时的身体状态、经济状态、消费水平当成养老生活的全部。

提到养老，您是不是脑子里就会想起跳广场舞的那些叔叔和阿姨们？

其实，他们只能算是年轻的老人。真正的养老是从“失能”开始的，就是在轮椅上、在床上度过……

如果你还思维敏捷、记忆力好、眼睛好使、腿脚好使、智能手机玩得溜，那么不管你生什么病，只要你有钱，就没有太大问题。

但是，你想过以下场景吗？当你年龄越来越大，腿脚越来越不灵便，小区门口横幅上也写着1.2米以下儿童和你这种老年人不允许独自出小区，旅行社也不接待你这种高龄客户。

你的行动越来越困难，你必须使用拐杖才能行走，你每天要吃大把大把的药，如果不小心摔倒，可能一躺就是几个月，你开始害怕一个人洗澡，怕摔倒，你身上开始积累独特的“老人味”，你开始健忘，既患得患失又记不得一切，甚至忘记如何穿衣。

养老最害怕的不是缺金钱，而是老了丧失尊严。

平均寿命依然在延长，你怎么知道你就不是那个长寿的人？

你怎么能确定，在你不能照顾自己的时候，你有勇气也有能力选择安乐离去？

“我老了以后要……”相信很多人在年轻的时候都曾说过这样的话。但无论设想多么美好，每个人真正的老后生活都不是自己的单方面想象。那么当你老了，你的老年生活要如何度过？

是居家养老，由儿女或者保姆照顾；是选择公立养老院，接受条件不太好的养老环境；还是入住私立养老院，享受环境优越但价格并不美好的养老服务？当有一天我们真的老到没办法照料自己的时候，我们将不得不面对如何养老这个问题。

“老”，其实并不只是年龄概念，在物质生活水平日益提升的当下，很多步入花甲、古稀之年的人仍然有自如的行动能力。真正的“老”，是身体机能的逐渐丧失。当一个老人疾病缠身，或者开始失能、失智时，养老的难题也就来了。

对于居家养老的老人来说，表面上看是一家人照料一个人，比起很多养老机构一个人照料两三个老人要轻松许多。但有专家指出，在有失能、失智老人的养老家庭中，平均 1 个失能老人需要 3 名家庭成员照料，已成为家庭的沉重负担，一些经济困难和独生子女家庭更是感觉“压力山大”。这种“一人失能，全家失衡”的生活状态使得他们的生活质量大打折扣，而这时候，重新找到家庭生活的平衡就成了亟待解决的问题。

我们从 22 岁大学毕业到 65 岁退休，只有 43 年的工作时间，不算中途的各种意外、提前离世等，真正身体好、事业发展好、能挣钱的黄金时间也就是 30~50 岁，只有 20 年的时间，我们需要在短短的 20 年挣够这一辈子花的钱。而且这一辈子花的钱，还不全是花在自己身上，上有父母要供养，下有子女要养育，节衣缩食也不够，所以必须要努力开拓挣钱的渠道才行。

人在年老以后，虽然尊严比金钱更重要，但是金钱也可以换取一部分尊严。如果年轻时候潇洒挥霍，年老之后就会缺乏金钱，晚景凄凉。

所以趁着年轻，保持身体健康，戒烟，限酒，尽量避免以后因为身体原因变成失能老人，这是我们要做的最基本的事情。

更为重要的是，要未雨绸缪，努力多挣钱、多投资，做好健康保障和保险规划，让自己年老时不会因为缺钱而失去全部的尊严，这是我们需要努力一生的课题。

第4章

永葆初心——不言退休

我之所以信心满满、动力十足，是因为在寿险业看到了 MDRT 的精神与内涵，洞见到自己在寿险领域可持续发展的选择性、必要性和可能性，看到了寿险业的曙光和未来。

第1节

MDRT 精神的引领与鼓舞

MDRT（Million Dollars Round Table），即美国百万圆桌会议，成立于 1927 年。当时 32 名销售业绩在百万美元以上的寿险营销员希望组成一个论坛，致力于扶植高标准的寿险销售，树立寿险营销人员的形象。目前，美国百万圆桌会议（MDRT）已成为一家全球公认的由优秀寿险与金融服务从业人员组成的国际性协会组织。MDRT 所创造的价值观是全人类共同追求的理念，MDRT 所创造的理念就是要有生产力，尤其强调人格生产力，强调我们做一个怎样的人比我们做什么更重要，先成为、后拥有。MDRT 的理念囊括了人类思想的精华。

Logion

心态是眼界的前导车，心态决定我们看到怎样的世界。

MDRT是寿险营销人孜孜以求的目标，是全球寿险精英的最高盛会，有“寿险界奥林匹克”之称，也被誉为“保险界的奥斯卡”。这是全球公认的寿险销售人员最卓越的国际奖项，是寿险业同人梦寐以求的最高荣誉。MDRT不只代表寿险界顶峰，更代表寿险营销人员追求卓越的承诺和坚持！

MDRT提供的是一个世界性论坛，来自全球的行业巨人、传奇人物会聚于此，与大家分享成功经验，分享生活感悟，分享对生命的关注与关爱！

MDRT建立的是一个脱离平庸的行业标准，大家互相学习、相互感染，并在不断追求卓越的过程中乐此不疲！

MDRT塑造的是一种乐观、自信、平和的健康心态，它关注的不只是财富和生命本身，它崇尚的是人生无止境的价值提升！

MDRT为所有视寿险为终身事业的人铸造了一个台阶，立于这个台阶上，你将会看得更远！

那么，MDRT对保险代理人到底有着怎样的影响力呢？主要是诚信、服务、专业、形象、品牌、口碑……目的是形成一种社会风尚与职业教育标准，为保险本身立碑，为职业本身立命……

在我2002年第一次远赴美国田纳西州参加第75届MDRT之后，就下定决心：以后必定要年年都来参加，切不可错过每一次享受精神盛宴的机会。

MDRT为什么让我们这些保险人如此为之倾心甚至疯狂？正如成功吸引成功的原理一样，这是一个伟大的平台，让我们脱离平庸，走向更加自由、淡定的人生。就像奥运会一样，运动员为什么要参加奥运会？因为在其中他们可以领悟到很多，可以拓宽他们的眼界，开阔他们的胸怀。但MDRT又不仅仅是成功吸引成功，它更是一种精神层面的崇尚和向往，反映了人类对美好、对分享、对帮助他人的追求。MDRT最重要的价值就是生产力，还特别提出了人格生产力的概念。MDRT成员已经达到了这样一个水准：他们认识到，推销成功不是一切，生活不只是为了谋生，一个人是什么比一个人做什么更重要。不断被MDRT成员强调的价值观，就是制定目标的重要性，他们提出“大梦想”，然后制定目标去实现梦想。

MDRT是一个神奇而具有创造性的会议，每一次参加MDRT都犹如一次“朝圣”。四天的年会，每天上午集中在主会场听讲，下午是分场报告，每次大概有50位来自不同国家、不同领域的嘉宾上台分享，成千上万名寿险精英从世界各地自发地赶来。每位嘉宾都会在短短的几十分钟内分享他们的独到见解、经典个案和几十年的成功经验，带来的是启迪人心的震撼。MDRT的神奇之处在于，你随时可以得到保险界前辈们的亲切指导和智慧启迪。2009年金融海啸席卷全球，南半球的瘟疫恣意蔓延，但是包括我在内的寿险从业人员依然积极性很高，大家绝对不会因为这些外在的原因而落下这堂精彩的课，诸多政界要人、经济学家、教育学家、社会学家、医学专家、奥运会冠军、从太空返航的宇航员，还有从生命奇迹中走过来的人们……他们给予我们的是全新的视野和精神的鼓舞，你的求知欲会得到极大的满足。每一次的MDRT都是一个学习的过程，学习让我们成长和成熟，让我们触摸到更广袤无限、更具有人生智慧的世界。因此，MDRT代表了我的坚持，只要有可能，我一定不会放弃每一次“朝圣”的旅程。

梅第爷爷是全球保险界不得不说的传奇人物。这位已故保险界的泰斗在将近90岁的时候依然亲自售卖保险，连续近50年跻身MDRT会员，被全球保险业营销员誉为“保险教父”和“永远的世界第一”。他在33岁时进入美国的大都会人寿，从收账员做起，5年后就获得保险业务员的最高荣誉——百万圆桌会议（MDRT）会员，而且连续近50年都是MDRT会员甚至顶尖会员。梅第爷爷的人生没有“退休”二字，一直奋斗在一线，每天早上4点半就起床，7点前进入办公室，下午自己开车见客户，服务客户，整理客户资料，包括客户兴趣、家庭资料、销售成功或失败的原因等，全部记录清楚，并且坚守着多年来不变的原则——“亲自送保单给客户”。他从业以来，行至全球56个国家和地区演讲，受到全球业内外人士的拥护和尊重。

梅第爷爷是健康长寿的奇迹，是生命的奇迹，更是保险界的奇迹。一个人何以将奋斗的激情持续终身并取得举世瞩目的成就？梅第爷爷谈起成功的秘诀时非常轻松：诚实至上、将心比心、知识就是力量、工作就是娱乐、无惧与坚持。

与梅第的相识是在MDRT的一次年会上，这位爷爷级人物开朗健谈、十分幽默、声如洪钟、中气十足，对待周围的人体贴入微，非常有绅士风度。梅第早已将保险生活化，将保险与生活合二为一、融为一体，拜访客户是工作，是交往，也是享受。更让人感到惬意的是，梅第经常受邀赴世界各地演讲，多数时候他都会携夫人一同前往，共同享受这温馨快乐的旅程。

梅第的经历更加坚定了我对保险“从一而终”的决心。保险之路是一条康庄大道，越往前走就越能品味到它的宽广无垠。

每一届MDRT都是一个挑战，它激励着会员不断以此为目标，以卓越的成功者为楷模，坚定不移地向高峰攀登；每一届MDRT都是能量的源泉，这种能量无私地滋养着每一位与会者，让他们更合理、更有效地进行自我掌控、自我规划、自我超越，不断挖掘生命的潜能，实现人生价值的最大化。

2010 年，我很荣幸成为 MDRT 中国区主席，并于 2011 年续任。更让我感到欣慰和激动的是，2011 年的时候，我已经成为一名 MDRT 终身会员（十年 MDRT 会员），这是我梦寐以求的事，终于达成所愿。我用十年的时间开启了生命的密码，找到了自己的人生坐标；我会用接下来的时间，继续履行保险赋予我的神圣使命，践行至善至美的大爱。

2012—2013 年，我更是荣幸地获得了 MDRT 大中华区主席的称号，大力推广 MDRT 的文化理念和保险精神，提高保险从业人员的精神素养和保险专业水平，促进大中华区保险事业健康发展。2014 年我又非常荣幸地被保监会评为“十大中国最美保险营销员”，并在北京参加了隆重的颁奖典礼。

随后的几年，我一直活跃于 MDRT 舞台，2018 年担任 MDRT 年会中国志愿者领导人，发扬中国志愿者的团队精神与大会服务的参与能力，确保 MDRT 年会的顺利举行和圆满成功；2021—2022 年担任 MDRT 年会的分享嘉宾，我分享的主题是《从反脆弱的角度谈保险人生》《穿越时空 遇见未来——如何找到人生的方向》。如今我已经实现了 22 年成为 MDRT 会员的目标，离我所追求的下一个目标——25 年 MDRT 会员的资格已经不太远了，坚持长期主义与 MDRT 文化精髓是一脉相承的。

第2节

提升精神内涵，丰富交往价值

Logion

让自己心态端正，好好地接待别人，好好地善待自己，你就会获得幸福的人生。

岁月如梭，时间总是留下一些有内涵的事物，摈弃表面浮华。寒来暑往，时光从不会为美丽而倒退，从来都只会为有深厚内涵的事物延续。事实证明，你的内涵便是你的人生，德行之间显示出的是生命的本质。

无须再说如果，因为你现在的一切所作所为都决定了日后的结果，所以有内涵便可拥有好的未来。

把握好现在所拥有的，未来人生的旅途会怎样，就在于今天的行动。最简单的内涵也就是：一个主动为生命而努力的人，不管自己的结局如何，尽最大的努力就会人生无悔。

涵养是一个人的魅力所在，其他一切吸引人的长处均来源于此。古人云："修身、齐家、治国、平天下。"把"修身"列在首位，说明良好的个人涵养是成就事业的前提。做一个有涵养的人，注重自己的仪表，提升自己的形象，让自己有好的精神面貌，其实也是提升自己的士气，让自己的运气变好。

言行举止是一个人涵养的表现，它表现出一个人是否有修养、是否有内涵。要规范你的言行举止，做一个有涵养的人。一个有良好涵养的人，大家都乐意与他交往；反之，一个没有涵养的人，人人都厌恶。

一个有涵养的人，能够摆正自己的位置。既不轻视自己，也不过分看重自己。有一个寓言小故事非常有趣：一只骆驼，辛辛苦苦穿过了沙漠，一只苍蝇趴在骆驼背上，讥笑着对它说："傻骆驼，谢谢你辛苦把我驼过来。"没想到，骆驼不屑地说："你在我身上的时候，我根本就不知道，你走了，也没必要跟我打招呼，你根本就没什么重量，别把自己看得太重。"

俗话说得好："水低为海，人低为王。"大海处于低洼才能成就自己的广阔，人能让自己处于最低的状态才能容纳更多的东西。要摆正自己的位置。指责别人的过失之前，先检查一下自己有无不妥之处。

一个有涵养的人，从不取笑别人。每个人生活得都不容易，谁的生活不是一地鸡毛？不要取笑他人。家家都有难念的经，人人都有难唱的曲。再风光的人，背后也有寒凉苦楚；再幸福的人，内心也有无奈难处。谁的人生都不易，笑人等于笑己，尊重别人就是尊重自己。

不要轻易指责别人，因为我们没有足够的智慧去知道别人生活里的喜怒哀乐，无法去真正体会别人的酸甜苦辣。每个人因立场不同，所处的环境不同，很难了解别人的感受，人世间没有真正的感同身受。涵养是一种智慧、一种修养、一种尊重。温言相劝固然好，但给彼此一点静默的时光，眼神里透露出的“不必多说，我懂”的关怀与默契，比任何语言都要来得贴心温暖。很多时候，与其先学会说话，不如先学会倾听。

一个有涵养的人，能善待周围的一切。一花一世界，一叶一菩提，这是何等的境界！其实做到这一点并不难，做到善待他人、体谅他人，便能在这世俗的世界中得到内心的宁静。正所谓“君子坦荡荡，小人长戚戚”。有时一个微笑可以让两个宿怨很深之人冰释前嫌，可以让异国他乡之人倍感温暖。世界上最简单的动作，可以完美地诠释人世间最复杂的道理。

人生在世，与其喋喋抱怨，不如静下深思；流年似水，灼痛终将沉淀为一种经历。迷而不失，是一种智慧。退一步海阔天空，忍一时风平浪静；“牢骚太盛防肠断，风物长宜放眼量”。别欺负老实人，在这个人心难测、钩心斗角的社会，老实人才是难能可贵的一群人。别看他们沉默不语，心里却是明明白白；别总以为他们懦弱，其实是悠然自得。老实人不会偷奸耍滑，不会利用算计，他们真实诚恳、本本分分，言语不伤人、做事不害人。

做一个有涵养的人其实很简单：别欺负老实的人，别欺骗信你的人，别玩弄爱你的人，别利用帮你的人。人生有四重境界，可以修炼自己做一个有涵养的人：一是痛而不言；二是笑而不语；三是迷而不失；四是惊而不乱。达到这四重境界，你就是一个有涵养的人。修养不是矫揉造作，不是无病呻吟，宛如“清水出芙蓉，天然去雕饰”；涵养是一种“不以物喜，不以己悲”的生活态度，是一个人对人生的完美诠释；涵养是一种成熟、奋进、坚强；涵养是一种感染人的气质、修养、风度；涵养是一种对他人的理解、尊重和热爱。

“临大事而不乱，临利害之际不失故常”。涵养是一种从容不迫、应付自如的处事态度。当大事来临的时候，不惊慌失措，镇定沉着；面临利害冲突，不患得患失，保持常态。涵养不仅是胆量、毅力，还是经验、才干和公心。

第3节

劳作是生命的必需，耕耘是生命的意义

Logion

心存美好，则无可恼之事；心存善良，则无可恨之人；心若简单，世间纷扰皆成空。

一般人都把劳动看成获得生活所需之粮食与报酬的手段，认为劳动的时间越短越好，报酬则多多益善，劳动似乎是一件不愿意做但又不得不去做的事。MDRT 的所有会员从未停止过劳作。90 多岁的梅第老先生生前一直战斗在一线，每天亲自拜访客户、为新老客户服务，数十年如一日，从未言过退休。对于他们而言，劳作的意义早已超出了获取报酬的范畴。我从他们身上感受到，劳作其实具有更深远、更崇高的价值与意义，可以帮助我们战胜欲望、磨炼心智、培养品格，其目的不只是换取生活需要，换取生活需要只不过是劳动附带的功能而已。因此，不要对你的工作心生厌恶，只要你明确了劳动的意义，你终究会战胜负面情绪，战胜劳作中的辛苦和煎熬，迎来甜蜜的果实和精神世界的丰盈。因此，无论对于工作、学业还是家庭琐事，我们都要默默扮演好自己在日常生活中的角色，不辞劳苦，不惜努力，并在日益精进的过程中磨炼出高尚的心性与人格。这个世界不乏一些把自己的一生都托付在某个职业或者某个领域的人，他们在长期的一点一滴的耕耘中累积实力，提升技能与磨炼自我，并最终赢得举足轻重、受人尊崇的地位。因此，劳作是受人推崇的行为，劳作不仅仅是指工作，也包括你的身心健康、保持家庭和谐、人际交流顺畅、开展社会服务等，这与MDRT的“全人理念”如出一辙，有着相同的本质。

我们先来讲一个关于羚羊奔跑的故事。这个故事来源于曙光的作品《羚羊为什么奔跑》，副标题是“重新找回工作中的动力和激情”。

猎豹奔跑，是为了得到午餐；而羚羊奔跑，则是为了继续生存。

这就是羚羊要努力比猎豹跑得更快的原因。但是，有一天，草原上的猎豹消失了，羚羊还要不要继续奔跑呢？带着这个问题，本来就喜欢奔跑的小羚羊开始了它的环球之旅，为草原上的所有羚羊寻找奔跑的动力和答案。

这是一只有思想的小羚羊，为了完成它的使命不辞劳苦，不畏艰辛。

在田野间，小羚羊遇见了为了吃到胡萝卜而拉货的驴。驴之所以奔跑是为了得到报酬。

冰天雪地里，小羚羊看见了五只拉雪橇的狗，一只领头，四只跟在后面。领路狗最轻松，只负责引领方向，不用费力气去拉雪橇，主人的鞭子也绝不会打到它；另外四只是名副其实的雪橇犬，雪橇的滑动完全靠它们四个拼命地奔跑，稍慢一点，就会遭到鞭子的无情抽打。每天回到家，领路狗可以得到一块美味的肥肉，可以安逸地躺在主人温暖的屋子里美美地睡一觉；而另外四只雪橇犬，却只能得到简单的食物，然后挤在门外狭小寒冷的窝里瑟瑟发抖地熬过漫漫长夜。四只狗在抱怨、在嫉妒，但是为了那简单的食物和寒冷的窝，它们不得不继续奔跑；领路狗有着优厚的待遇，但它依然每天在拼命奔跑，不只是为了得到那块肥肉，也不是担心跑慢了被身后的雪橇犬泄愤咬伤，而是为了不被其他的狗所取代，它必须保持领先的优势和地位。

在一座迷宫里，小羚羊找到了四只小家伙（两只小老鼠和两个小矮人），它们的脖子上都挂着一双跑鞋，小羚羊觉得十分奇怪。小家伙们告诉他：奶酪每天都在减少，虽然表面上看不出来。如果过分沉溺于安逸的生活，奶酪一旦消失，就会陷入巨大的困境。所以需要穿上跑鞋经常跑到外面的世界去，探索新的领地，以便随时了解周围发生的变化，避免被意料之外的变化打个措手不及。因此，危机意识是他们奔跑的动力。

小羚羊最后来到了一座动物园，在这里它遇见了“老相识”——一只曾经追捕过它的猎豹。这只猎豹现在已经成了供人参观的笼中物，无须奔跑，无须觅食。但是猎豹并不开心，它告诉小羚羊，它是从内心深处热爱奔跑的，因为那是它天生的本领：只有在奔跑中它才能感受到生命的价值。与这种美妙的感觉相比，舒适的环境、美味的食物都变得一文不值。

听了猎豹的一席话后，小羚羊终于找到了它想要的答案。

小羚羊的故事寓意深刻，很有启发性。我们每一个人都是人生草原上的羚羊，到底是什么让我们必须持续奔跑、永不停歇呢？是薪酬、永不满足的内心，还是危机意识？也许都有，但最重要、最根本的原因是：

内驱力才是奔跑的最大动力。而这种动力的来源，就是内心深处对于奔跑的热爱。生命的价值只有在奔跑中才能最大限度地体现出来。一旦停止了奔跑，人生的意义也将荡然无存。

内驱力是一种内部推动力，是自我加压、自我提升的内在追求，是一种“不用扬鞭自奋蹄”的进取精神。它常常外化为强烈的发展愿望和清醒的比较意识，表现为饱满的干事冲劲和坚韧的拼搏精神。不论外部环境多么恶劣，前进的道路上有多少艰难坎坷，也不论一个人的起点有多么低，只要他拥有强大的内驱力，并且坚持不懈地努力下去，就一定能够克服各种困难，最终实现自己的梦想。

保险业的“草原”广袤辽阔，不奔跑就会被淘汰。我们可以扪心自问：每天这么辛苦地奔跑，究竟是为了什么？其动力在哪里？因为我们热爱这个行业，热爱这份工作，热爱为他人带去人生保障的满足感。所以从某种程度上说，奔跑是我们自愿的，是我们“自讨苦吃”，同时也是我们的自我陶醉与享受的过程。也许在奔跑的过程中，有一段路你会觉得很枯燥，但只要保持心情的轻松和愉悦，你就会全身心投入，本来乏味无比的事情也会变得妙趣横生。工作的最高境界就是让我们能够看到“超越日常工作以外的东西”。也许在奔跑的过程中，你会觉得很疲惫，不要紧，调整你的步伐，从奔跑改为慢跑，或者停下来看看路边的野花，欣赏一下山野春光，保存实力，振奋力量，抖擞精神，目的是使下一段路跑得更快、更有质量。

人生的跑道很长，跑道为奔跑的人而生。停止奔跑，跑道也就失去了存在的意义。唯有热爱奔跑，生命才会美丽绽放！

第4节

慈悲没有敌人，智慧不起烦恼

Logion

善良，是来自心灵深处的智慧、慈悲和勇敢。

慈悲没有敌人，智慧不起烦恼。我们经常受环境的影响而生气。一个朋友告诉我，有一次他正在气头上时，忽然想起我说过“慈悲没有敌人，智慧不起烦恼”这句话，心中的怒火立刻就熄灭了，同时也让他看到自己待人不够慈悲、没有智慧，所以觉得非常惭愧。

我之所以提出这两句话，是因为佛教本来就主张以慈悲度众生，既然要度众生，怎么还会有敌人呢？把一切众生都视为自己要度化、结缘的对象，当然就不可能把他们当作敌人了。

敌人是指彼此势不两立，不是你死，就是我

活。情场有情敌，商场有商敌，战场有军敌，政坛有政敌，甚至同事之间，有时候为了竞争同一个职位，也会竞相表现，彼此形成敌对的状态。这是人性中的劣根性，也可以说是弱点。

既然我们知道了人性的这个弱点，就要调整自己待人处事的态度。首先要原谅他人、同情他人、包容他人，也就是说，对于不如自己的人，应该包容；对于比自己好的人，则要向他学习。如果人与人之间能够彼此学习、互为师友，不但自己能够得到成长，对方也会成长。

慈悲的对象，除了别人以外，也包括自己。因为不慈悲自己，会让自己很痛苦。例如，有的人不肯原谅自己，于是就伤害自己。其实做错了事，改过就好，若是不断责罚自己，就会一直陷在痛苦之中，这就是对自己的不慈悲。对别人也是一样，如果态度不慈悲，可能就会一再地伤害他人。

“智慧不起烦恼”这句话，是让人不起烦恼的方法。人在烦恼中纠缠可以说是最痛苦的事，因为烦恼就是自己折磨自己，想要化解，就要运用佛法的空观智慧，有了空观智慧，烦恼自然就没有了。

如果说烦恼是黑暗，智慧就是明灯，当明灯照亮黑暗时，黑暗就不见了。所谓“千年暗室，一灯即破”，其实，黑暗原本就不存在，只因为没有明灯，所以才会有黑暗。同样地，烦恼本来是不存在的，只因为没有智慧，观念上颠倒错乱，才会产生冲突、矛盾和挣扎。

人类的基本需求和基本心态是相通的，也就是说，人性是相通的。

既然人的本性是相通的，人类彼此之间便应该守望相助、唇齿相依。能够这样想的话，不但对自己有益，对别人也有益；而对别人有益，便是对自己有益，这就是推己及人的结果，如此一来，也就没有所谓的敌人了。没有敌人，就是智慧。

第5节

修炼思想境界五个字：净、静、敬、镜、境

Logion

水静能鉴物，人静能观心。静心人不浮，静心能明理。

只有在心境如水的时候，才能客观理智地思考问题，正确地做出判断。

小说《三体》里有这样一个名词：降维打击。

意思是说高等级文明可以使用“二向箔”将太阳系由三维空间降至二维空间，对人类进行攻击。通俗一点说，就是可以直接将人类从三维变成二维的纸片人。

发展水平不同的文明之间，就有这么大的差异。

实际上，在我们的日常生活中，有时也会发生降维打击的事情。

比如，当我们在与一些大佬级别的人物进行

交流的时候，往往会发现自己的智商完全被对方碾压了。对方看待问题的方式、角度、深度完全超出了我们的意料，甚至我们的一切所思所想都能被对方洞察，就好像自己是个透明人一样。

这就是高维的人与普通人之间的巨大差别。

无论是高维实践还是三维实践，都有一个共同的属性，就是需要实践条件，主要有五个，也就是常说的五“jìng”。

一、净——纯净的内在能量空间

第一个是“干净”，即做一个干干净净、纯粹纯净纯素的人。如果我们能够纯素纯净，并不断地清理内心，就能进入那种明净的内在生命状态。众善奉行、诸恶莫做、自净其意。自净是自己给自己清理；其意是指我们内在的执着、妄想以及所有的不如是。所以有净屋净心之说，外在环境就是内心的呈现，这个“屋”即内在环境空间。

二、静——平静和谐的内在能量状态

第二个是“平静”，万物繁多，信息混乱，错综复杂，致使我们的心不能平静。如果心不平静，根本不可能安定下来，自然就不能启发智慧。“戒、定、慧”是静的次第。所以恐惧、纠结、愤怒、分别、执着，以及是非面前的激烈的意识状态，都是不清静。你坚持好的时候，一定有一个等量的恶存在着，把你牢牢地困在这个好所在的维度，所以纵向提升根本发生不了。

所有的不如是背后都在让我们反求诸已，它不是以我们自以为是的“是”而觉醒，而是让我们看到这个不如是背后，我们自己的认知产生的这种空间局限，从而在更高、更大的境界去转化我们的认知，你会发现你能读懂所有问题背后的意义。

三、敬——对一切存在的无条件恭敬

第三个是“恭敬”，就是对我们自己内在具足圆满智慧无条件的恭敬，而这个智慧投影出来各种各样的外向，其实都是我们的题目，如果我们对题目不尊敬、不恭敬的话，根本不可能做对这道题。

所以对一切的恭敬是一个基础，因为一切的存在都是我们内在投影的，都是我们的内在高维给我们出的提升的题目。

四、镜——反求诸己的对镜觉察

第四个是“镜子”，我们可以想象自己坐在一个巨大的球面镜的中间，从四面八方看去全是自己的投影。

让我们去觉察自己的认知，反求诸己，不再指责，不再抱怨。因为所有的指责和抱怨都指向外面。

我们问自己：我为什么会面对这样的生命考题？这样的考题在教育启发我什么？它与我自己内在的提升有什么样的关联？当我们把每一件事情都用这么一种逻辑去看的时候，我们才能读懂每一道题与我们内在成长的关联，才能与我们的生命觉醒关联起来。

外边都是像，都不是投影源，投影源只在内在。

五、境——持续和谐与提升的内在能量境界

第五个是“环境”和“境界”。我们每天都在现实中、三维空间里，各种纷乱能量的外相会阻碍我们，会让我们执着于外相上，无法与内在关联。

现在给我们创造了一个隔离掉外在空间的所有的外部影响的环境。

当我们有了内在的环境，通过境界的提升，就能使我们整个的心量和视野从高维上打开，这就是境界的境。

我们自己选择了一个更便于我们成长的考场，让每一个生命有一个自觉空间，在一个自觉空间里去启动自己的高维实践。

所以高维实践条件的五个“jìng”，可以帮助我们在当下进入内在更自在的一种空间境界，它会投影出更自在的未来。

第6节

健康、长久、好生活

Logion

生活不是一场只顾赚钱的赛跑，不必匆忙赶路。

一直以来，友邦保险以“成为客户首选”为企业愿景，始终致力于以高品质的产品及服务，满足广大客户多元化、个性化的需求，为客户提供卓越服务体验，成为陪伴客户每一个人生阶段的“真伙伴”。2017 年，随着国务院《“健康中国 2030”规划纲要》的出台，以及“健康”话题逐渐成为全民关注的热点，友邦中国推出崭新品牌承诺“助您健康长久好生活”，并将致力于推动保险与健康融合发展，升级自身所扮演的角色，借助全新方式参与大众健康生活的管理，推动生活方式的积极改变，以提升全民健康水平为目标，帮助大众开启健康长久好生活。2021 年，友邦人寿成为全球市值最高的上市人寿保险公司。

“健康”是人类社会和人们生活中永恒的主题。人人都想有一个健康的身体，并欲追求“长寿”，甚至长生不老。随着社会的进步、科学技术水平的提高，人们对健康的认识也越来越深刻。20世纪60年代，人们就认识到了健康的重要性。到了20世纪70年代，人们意识到卫生保健的发展有赖于社会经济的发展，而卫生保健的发展同时又会促进社会经济的发展。20世纪80年代初，人们进一步认识到人人享有卫生保健不仅是卫生部门的事，而且是整个社会的奋斗目标。20世纪80年代后期，世界卫生组织指出，“人人享有卫生保健是全球永恒的目标”，并提出“21世纪人类最宝贵的财富就是健康”。人们从实践中也认识到健康是人类生存、发展、享乐的基本条件，是长寿的基石。德国诗人哈格多恩说“唯有健康才是人生”，法国物理学家居里夫人说“幸福的基础就是健康的身体”，日本作家武者小路笃说“人生第一任务就是健康”。我国从事健康保健工作的专家们也指出，中老年人的生活原则应该是“以健康为中心”。

我们每个人面前都有两条路可走：一条路省力，可以偷懒，但会使我们变得大腹便便，为慢性疲劳、灰色健康、抑郁症以及各种疾病所困扰；另一条则是艰难却充满希望的健康之路，会使我们身心健康、朝气蓬勃。那么，如何走上这条健康之路呢？简单地说，就是采取积极的生活方式，包括定期进行体育活动、吃早餐、吃健康食品、按时用餐、控制体重、充足睡眠、缓解压力、预防疾病、戒烟禁毒、适度饮酒、注意安全等。这不只是一条通向健康、朝气蓬勃、充满活力的道路，而且是一条通向自尊之路。

目前越来越多的人开始关心自己的生活质量，注重自身的健康问题，可是随着生活节奏的加快，许多人越来越不注重锻炼了，生活工作都失去了正常的规律。于是，为了健康，不少人常常不惜一掷千金，辗转于健身房、美容院、医院之间。

其实，想要健康不一定花大价钱，每个人都可以拥有健康，并根据自己的身体状况制订自己的健康计划——靠积极的心态来寻求健康，靠正确的行动来获得健康。而事实上，只有真正了解了什么是健康，才能知道怎样获得健康。也就是说，只有制订了你的健康计划，并行动起来，才能实现真正的健康。

那健康是怎么来的呢？健康的人生来自健康的饮食方式、工作习惯、生活方式、运动以及健康的心理。我们要想拥有健康的人生，就必须改变原来一些错误的观念及生活方式。假若把我们的人体比作一辆汽车，那么我们体内的组织、器官就是汽车的零部件，只有当这些精密的部件正常运转时，才能保证这辆汽车正常行驶。而当运转被打乱时，我们的健康势必会受到影响。那么，怎么才能维持我们一生的健康呢？这就要了解我们的一切错误观念及习惯，因为只有了解了这一切，我们才能调整我们的生活习惯，制订出一个一生的健康计划。

生命对于每个人都只有一次，生命寄希望于健康，健康又给予我们无限美好的生活。健康是一个人的生命之本、幸福之源。可以说，健康是一个人最大的幸福，它直接关系着我们每个人的生命活力，左右着我们梦想的实现，影响着我们享受梦想成真的喜悦，牵系着我们家庭的幸福与温暖，影响社会的稳定与发展……可以说，健康与我们的生活幸福紧密相连、息息相关。

第5章

持续学习——与时代一起成长

一想到学习，我就有无比强大的动力，我给自己设立了每个阶段的学习目标。一路走来，学习是改变我一生的最有效、最有力的成长动力。尤其是人到中年，除了各阶段的学历教育外，社会实践中点点滴滴的学习也很重要。当下已经到了我人生的后半段，中华文明的宝典《易经》《黄帝内经》等古圣先学，已被列入我的书单，它们应该会有10年以上的时间，伴随我的职业生涯。

第1节

只有学到老，才有能量活到老

现代社会是一个生理寿命延长、知识寿命缩短的社会。在社会平均年龄不断延长的同时，知识寿命却大为缩短。一本书治天下的时代已经过去，我们通过高等教育学到的书本知识五年内可能就会过时，进入所谓的“知识半衰期”。如果放弃学习，那么我们肯定就会落伍；如果停止学习时间太久，那么我们肯定就会与社会脱节。

目前，终身学习的理念已被世界越来越多的国家认同并支持，不少国家通过立法，从法律上确立终身教育理论为本国当前和今后教育发展与改革的基本指导思想。如日本于1988年设立

Logion

幸福是每一个愿意学习、行动、反省、成长、努力、拼搏、坚持和奉献的人，都能得到的礼物。

了终身学习局，并于 1990 年颁布并实施了《终身学习振兴整备法》；美国则在联邦教育局内专设了终身教育局，并于 1976 年制定并颁布实施了《终身学习法》。

学习是人类成长不可或缺的动力之一，从幼年、少年、青年、中年直至老年，学习伴随人的整个生命历程并影响人一生的发展。这是不断发展变化的客观世界对人们提出的要求。终身学习能使我们得到更大的发展空间，更好地实现自身价值，能充实我们的精神生活，不断提高我们的生活品质。

学习是我们的生存本领之一，成功很多时候依赖于我们的学习速度，依赖于我们是否在社会进步的同时及时更新了所掌握的知识。要把学习当成自己的事，自发地学习，越到后来我们越会发现，学习不仅仅是为了达到考试、升学、晋升之类的狭隘的目的。对学习要有如饥似渴的需要，要有随时随地挤出时间学习的劲头。时间就像海绵里的水，只要愿意挤总是会有的。事实上，一个人如果养成了主动学习的习惯，他就永远不会抱怨时间不够用，因为只要有空闲，他首先想到的事情就是学习，这样就能把零散的时间都利用起来。

令我庆幸的是，虽然我很忙碌，但一直保持着学习的良好习惯。自我学习力度不够，我就报名参加各种机构的培训、讲座等，每天都有大量有效的信息充斥我的大脑，让我感到充实而满足。

有这样一句很幽默的话："有智吃智，无智吃力，无力无智饿得笔直！"这句话说出了智慧对人生的重要影响，然而没有任何先天或后天的才能可以无须任何努力就能够得到。这是因为生活永远是一架保持平衡的天平，一边是付出，一边是收获，不劳必定无获。要想有所收获，方法只有一个，那就是学习。学无止境，学必有所成，学习是进步必经的途径，学习是人生永恒的主题。

人会追求积极向上，正如花草会生长一样，是与生俱来的本能。学习可以提高人的素质，一个现代社会的新型人才，应当具备诸多良好的素质，比如高尚的品德、超凡的气质、敬业的精神以及坚韧不拔的意志等，这些都可以通过学习来获得。人与人的差异从本质上来讲就是学习与运用知识能力的差异。今天，知识的地位比任何一个时代都要高，面对 21 世纪的严峻挑战，我们更应该把学习放到第一位，活到老、学到老，因为学无止境。

离德国科隆不远的西比希城的约翰娜·玛克司夫人可是个响当当的人物。1994 年，70 岁高龄的她经过长达 6 年的刻苦攻读，完成了学业，以优异的成绩获得了科隆大学的教育学硕士文凭。9 年之后，玛克司夫人又在年近八旬时，完成了长达 200 页的博士学位论文，论文的题目是《如何度过晚年——学习使老人永远充满活力》，最后被科隆大学授予教育学博士学位。小城的市民们无不对这位孜孜不倦的老人赞叹不已，因此她还当选该城“最伟大女性”。后来，玛克司夫人作为嘉宾参加了德国著名电视主持人迪沃累克主持的一档脱口秀节目。于是，全国的观众都认识了这位戴着大框架眼镜、说话有条不紊又颇富幽默感的老人。

玛克司夫人退休之前，长期在一家公司任职，是个活跃、开朗的人。退休之后不甘寂寞的她先是上了一个法语班，后来在报纸上看到科隆大学招收老年大学生的消息，便勇敢地报名成为一名正式大学生，当时她已 65 岁。她说第一学期的学习让她最难以适应。因为她上中学时的课程和课表都是由学校或教师制定的，而现在一切都得自己安排。在渡过最初的难关之后，她越学干劲越大，而且凭借着年轻时积累的丰富知识和打下的良好学习基础，她的成绩居然在班里遥遥领先。平时她和年轻人一样身穿运动装或牛仔服，还常常和同学们一起参加游戏或体育运动。她在入学的第三年就学会了电脑操作，还积攒了足够的学分。不过她并没有忘记家庭，经常忙里偷闲回家操持家务，并尽量抽空陪伴丈夫。同学们惊奇地发现，她在念书期间竟然做到了学习、家庭两不误！

玛克司夫人的博士学位论文研究的课题是老年妇女如何才能安度晚年。玛克司夫人曾深入多个养老院和普通家庭，采访了34名终身学习的老年妇女。由于是同龄人，她们几乎毫无例外地向她倾诉了二战遗留在自己心灵深处的创伤，以及进入老龄之后的孤独、失落等负面情绪。而正是老年时代孜孜不倦的学习经历，才使她们的晚年生活异常充实和快乐，有的还因此克服了酗酒、吸毒或药物依赖。她认为进入老年后，大脑的“锻炼”尤为重要，如背诵歌词和外语单词就是很好的锻炼大脑的方式。在论文中，她强调每个人都会变老，这是不可避免的自然规律，但如何度过晚年却可以由自己决定。除了坚持学习外，另一个关键是坚持运动。她建议所有老人都选择至少一种力所能及的运动，并力图避免只说不做。她的口号是：“天天锻炼使自己年轻10岁！”

著名经济学家于光远先生活到老、学到老，他86岁开始使用电脑，后来建立了自己的网站，还开了博客。由于不甘落后于时代，他以乐观的生活态度治学为文、安度晚年。

于老晚年又开始攀登文学高峰，他写起散文也出手不凡，并自诩“21世纪文坛新秀”。90岁之前于老出版了75部著作，其中包括散文集《古稀手迹》《墙外的石榴花》《我眼中的他们》《周扬和我》《我的编年故事》等。

晚年的于老每天花大量的时间坐在电脑前，除了吃饭、睡觉，他基本都在电脑上写着、学着、玩着、快活着。他曾表示百岁生日之前要出够百部著作。

伟大的哲学家培根说过："知识就是力量。"同样，做学习型的人才首要的任务就是学习。知识可以改变命运，学习可以改变人生。许振超，一个普通的码头工人，凭着三十年如一日的敬业精神，通过孜孜不倦的学习，成为世界一流的技术专家。作为一名"老三届"出身的普通工人，他始终站在时代前列，顺应社会前进的潮流，不断提升自身的能力。他不仅没有被时代淘汰，而且屡屡勇挑大梁，由一名普通工人成长为令世界航运界敬佩的一流桥吊专家。他踏着时代节拍前进的武器就是学习，他说："一个人可以没有文凭，但不可以没有知识；可以不进大学殿堂，但不可以不学习。"学习使人进步，学习的过程是一个不断解放思想、继承创新、加快发展的过程。只有不断用新的知识武装头脑，我们才能把握新的发展机遇，才能不断地接纳新事物和新观念。

学无止境，没有最好，只有更好。

因此，我们必须培养自己活到老、学到老的精神。只有具备了这种精神，我们才能以饱满的精神、快乐的心态，扬起风帆，畅游在知识的海洋里。

第2节

保持对新鲜事物的关注和探索

Logion

体验新事物能让你打开眼界、接收新的观点，还会带给你更多的灵感。

你有多久没有像孩子一样，保持对新鲜事物的好奇心了呢？

爱因斯坦曾说过，“我没有特别的天才，只有强烈的好奇心。永远保持饥渴的人，是永远进步的人。”

始终保持好奇，永远勇于探索，往往会让我们看到更加广阔的世界。

哲学家马丁·布伯有句名言：“永远做新的事，就永远不会老。”

好奇心带动求知欲，让我们充满活力和生命力，使我们不断突破舒适区，不断挑战新事物，积极探索神秘而未知的世界。

好奇心就像一棵神圣而脆弱的幼苗，我们应该竭尽全力去呵护它。

复旦大学的陈果老师在《开讲啦》演讲中这样描述好奇心：“它不只是对世界的好奇，它代表了对生活的热爱，代表了对生活始终饱含兴趣、深情款款。”

好奇心会让你保持鲜活、神采奕奕，每天都活得摇曳生姿。

永远保持好奇，你就永远不会老。

自我精进就是“自我创造”。这是一个选择自己想成为谁，然后立志成为那个人的过程。换句话说，这是一个发现生命、创造自己命运的过程。因此，在追求圆满的生命旅程中，持续的自我成长是必经之路。

每个人都有创造的天性以及实现创造天性的需求。这种需求不会因为我们变老而减少或消失。许多人实际上年纪越大越积极地表达自己的创造力，并不断自我精进。

在成功期，你可能为了拥有亮眼的简历而追求自我成长。很多情况下，这是一种提高工作领域内商业价值的行为。然而，退休以后，自我精进不仅仅是为了简单地获得成功，更多的是为了从工作中获得纯粹的快乐和内心的满足，使自己变得更好，使性格成熟、生活圆满。

只要我们活着，就应该永无止境地自我精进，以此来实现自己的创造天性，应该每天努力更新自己，直到心脏和大脑停止工作。今天的需要与昨天有所不同，明天需要比今天更好，停止自我精进就像轮船关闭引擎后漂浮在海洋中央。创造力不仅仅是指创造新事物的能力，它也是我们在一成不变的工作中引入新鲜感的能力。创造力来自好奇心和探索，来自质疑的态度。当你对自己和世界产生浓厚的兴趣时，就会产生改变生活为世界做贡献的想法。你会有很多想法，不管身处何种环境，你都会花时间去思考："在这种环境下我能做什么？"并立即将这些想法付诸实践，哪怕只是很小的想法。这些行动汇聚在一起，共同创造了生命的变化和成长。

叶圣陶曾经说过："想象不过是把许多次数、许多方面观察所得融为一体，团成一件新事物罢了。假若不以观察为依据，也就无以起想象作用。"想象是在原有感性形象的基础上在头脑中创造新形象的过程。想象可使人的认识超出时空与具体条件的限制，拓展和丰富人们的精神世界。合理的想象可能会扭转局面，让天空亮起来。

爱因斯坦说："想象力比知识更重要，因为知识是有限的，而想象力概括着世界上的一切，推动着进步，并且是知识进化的源泉，严格地说，想象力是科学研究中的实在因素。"

然而，想象力不是凭空瞎想。心理学告诉我们，想象的源泉是客观现实，想象的内容是客观现实的反映，而合理想象的方法更是成功的关键。

方法，是主体在对象性活动中的行为方式和为达到某种目的而采用的途径、手段和工具的总和。"方法"一词源于希腊文，意思是遵循某一道路，亦指为了实现一定的目的，必须按一定程序所采取的相应步骤。

方法一般来说分为以下几个层级：一是方法论基础，这是取得科学管理方法的哲学依据；二是基本的管理方法，这是主体解决各种问题、认识各种事物的共性的一种方法，如思维方法、预测方法、理论联系实际的方法；三是具体的管理方法，它是主体在某一时期或某一阶段解决某种具体问题所使用的方法，如行政方法、经济方法、企业管理方法等；四是操作性的管理方法，它是指主体为顺利实现目标而采取的各种活动技巧与技术，如评估技术、统计技术、计算机应用技术等。可见，方法具有层级之分，不同的工作要采用不同的方法，越接触实际，方法越具体、越生动、越丰富多彩。

那么，怎么才能让我们打破陈规，让我们的想象“飞”起来呢？其实想象有时就是这样，对于特定的问题，要集中注意力，并且从各种角度去探讨，尽量让想象力“飞跃”起来。起初，你会觉得幼稚、可笑，但是仔细总结之后，就会发现新的东西。非常好的决策方式往往是从精神游戏中产生的，不过，重要的一点就是，片刻不离问题的核心。让思考力活跃的另一途径是，带着问题阅读各种参考书籍，然后再针对问题探讨有关联的各种问题。

如果满足于现状，如何能有所改善呢？要时常训练自己，用批判性的眼光来观察，想要做这种训练，就要对自己所做的事都抱以怀疑的态度，尤其是对于惯例，即“认为理所当然的事”，更要以怀疑的态度去思索。虽要事事存疑，但对于旁人的新构想，也不要一味地挑剔，应该与对方一起讨论、研究，并且积极地参与。这么一来，原本不太实用的想象，也会产生意想不到的效果。不要对任何想象加以否定，没有思考、没有检验、没有实践，就没有发言权。但也不要只要是想象就一味地肯定，因为有些偶然产生的想法，看起来很不错，但是仔细想想，可能还有更好的方法。

想象力比知识更重要，因为知识是有限的，而想象力是无限的。想象可以使人的认知超越时空和具体条件的限制。想象能激发观察的灵感，拓展观察的渠道和内容，沟通不同观察的结果，可以大大丰富观察的内容，让事情变得更加美好。然而想象并不是凭空的，要想让想象“飞”起来，还需要联系客观世界，把知识融会贯通。

第3节

时刻保持生命的专注力

Logion

烦恼皆来自自以为是，困惑皆来自我知我见。

美国心理学家米哈伊·奇凯岑特曾做过一个持续多年的实验：每天他都会随机地打断一些正在专心致志工作的人，问他们正在做什么、想什么、感觉到什么。结果他发现，一旦人们的注意力不被外部活动占满，种种悲观的想法就会乘虚而入。所以人们会尽量让脑子被占满，他们要一边讲电话一边读邮件，一边吃晚饭一边看电视，一边给孩子洗澡一边听收音机。这项研究还有另一个发现：人们要想感到真正的快乐，就必须把全部注意力集中在一件事情上。比如，专心地谈话，仔细地品尝食物，聚精会神地看电影。综上，人们为了避免不快乐，会把自己的注意力分散到多个任务上，直至用上全部注意力，但由此获得的快乐是短暂的，事情停下了，负面情绪就来了。真正的快乐是把全部注意力作为一个整体专注于同一件事情，这样才能让人感到自己是有收获的。注意力是一种滋养的能量，聚积在哪里，哪里就得到成长。

在觉察与修正的过程中，我们可以使用一个"滤镜"，对自己每天的思、言、行作一个更好的提升与进化。修正的过程中我们会不断积极地移动，然后去找到每一个事件、每一个互动关系中能量的最佳表达与呈现方式，你真正要体验的生命故事的那个版本、剧情，那种能量上的印记和感受到底是什么。

觉察与修正是非常简单、有效，能够每天落地践行，然后持续提升自己的方法。

分享两种觉察练习的初步方法：

第一种方法就是打地鼠。对于觉察与修正，一个很大的干扰是，我们的头脑和思维经常会不由自主或无意识地被思维的"夹娃娃机"拖走。所以第一个觉察与修正的对象是我们的念头。打地鼠是一个非常好的练习。当你有一个负面的念头冒出来的时候，你就把它想象成从地里冒出了一只地鼠，你就跟它对话，对它说："是的，我看见你了。"除了这句话以外，你什么都不要做，然后你可以反复地对不断冒出来的一直在干扰你的念头（比如你脑海里有一个声音对你讲，那个人是针对你的，那个人是故意对你不好的；或者是你的头脑开始评判你自己，说你不够好；或者你的头脑告诉你，你才是那个最厉害的、最独特的、人群里最牛的那个人）说："是的，我看见你了。"只是看见，只是觉察到它在那里。然后你就拿起你的大锤子，对着它敲一下，让它回去，说："是的，我看见你了，你可以回去了。”

然后再决定怎么去定义这个事情，当我们决定把视角移回到中性的不评判的零的位置，重新去观察这个事情时，我们就是做出了一个积极而有效的移动。

第二种方法是关于处理我们的情绪的。情绪是干扰我们生活的非常自在、非常喜悦的一个因素。有一种方法叫作“放气球”，即当你有负面情绪涌现出来，让你感到不太舒服的时候，你就对你的情绪说：“是的，我感觉到你了，”然后你决定是待在觉察量表上的负面位置，继续你的体验，还是移动到中性的、不评判的零的位置，抑或移动到正面和正能量的位置。

因此，修正的过程只是接纳所发生的一切事情，只是说：“是的，我看见你了，我允许你的存在，我探索对你的定义，我接纳你的发声。”没有了抗拒，就消融了一切阻力，然后我们用一双更有智慧的眼睛从一个更高的层次去看，在一个更大实相运转的宇宙的秩序中，清楚地看见和知晓事情的本质。我们的焦点，不是去强化当前的情境和状况有没有任何问题、符不符合自己的预期。而是完全相信，它给我们提供了成长机会，它给我们带来了一个积极移动的全新的契机。在这个过程中，关键是你如何去保持清晰的觉知，如何主动地、有意识地去创造你真正要体验的下一个状况、下一个情景。

这就是修正的意义。修正并不是去发现一个错误，发现问题，然后抗拒事实，紧咬不放，或者去评判自己与他人的过错，而是愿意接纳所有下一幕剧情的可能性来到你的生命里。同时接纳上一刻已经发生的事实，把意识的焦点再次聚焦于当下，然后问问自己：我此刻新的决定是什么？我将如何创造自己真正想要的情景，如何去接纳当下的事实？

所以修正的深层含义就是没有抗拒，与当下的情景协调一致，然后回归和谐与平衡，做出爱与合一视角下的解决方案，并立即采取与之相匹配的积极行动。

第4节

唤醒沉睡的灵魂，让生命影响生命

Logion

以感恩的心和充满爱的意境面对生活，生活才会有美好和阳光。

唤醒沉睡的灵魂，就是用一棵树去摇动另一棵树，用一片云去推动另一片云，用一个灵魂去唤醒另一个灵魂。只有在正能量的感召下，每一个生命才会活得更加精彩；只有用真善美的心灵影响心灵，每一颗心灵才会变得更加阳光。

生命影响生命，是在引领、唤醒对方感受到生命力量的同时，激发自身内生力量，从而完成正能量之间的互相传递，令生命之光交相辉映、共趋光明；犹如碾压一切、滚滚向前的历史巨轮，升腾起求生、向上的力量，向上，向上，再向上！生命就在那一刻迸发出最绚烂的光辉！

2007年一个寒冷的上午，在华盛顿的一个地铁站里，一位男子用一把小提琴演奏了6首巴赫的作品，共45分钟左右。他前面的地上，放着一顶口朝上的帽子。显然，这是一位街头卖艺人。

没有人知道，这位在地铁里卖艺的小提琴手是约夏·贝尔，世界上最伟大的音乐家之一。他演奏的是一首世上最复杂的作品，用的是一把价值350万美元的小提琴。

演奏进行大约3分钟之后，一位显然是有一定音乐修养的中年男子，他听出了演奏者应该是一位音乐家，于是放慢了脚步，甚至停了几秒钟听了一下，然后急匆匆地继续赶路了。

演奏进行大约4分钟之后，约夏·贝尔收到了他的第一美元。一位女士把这一美元丢到帽子里，她没有停留，继续往前走。

演奏到第6分钟时，一位小伙子倚靠在墙上倾听，随后看看手表，就又开始往前走。

演奏到第10分钟时，一位3岁的小男孩停了下来，但他妈妈使劲拉着他匆匆忙忙地离去。小男孩停下来又看了一眼小提琴手，但他妈妈使劲地推他，小男孩只好继续往前走，但不停地回头看。其他几个小孩子也是这样，但他们的父母全都硬拉着自己的孩子快速离开。

演奏到第45分钟时，一共只有6个人停下来听了一会儿。大约有20个人给了钱就继续以平常的步伐离开。约夏·贝尔总共收到了32美元。

在约夏·贝尔演奏的45分钟里，大约有2000人从这个地铁站经过。

要知道，两天前约夏·贝尔在波士顿一家剧院演出时，所有门票售罄，而要坐在剧院里听他演奏那些同样的乐曲，平均得花200美元。

其实，约夏·贝尔在地铁里的演奏是《华盛顿邮报》主办的关于感知、品味和人的优先选择的社会实验的一部分。

实验结束后，《华盛顿邮报》提出了几个问题：

（1）在一个普通的环境下，在一个不适当的时间内，我们能够感知到美吗？

（2）如果能够感知到的话，我们会停下来欣赏吗？

（3）我们会在意想不到的情况下认可天才吗？

最后，实验得出的结论是：当世界上最优秀的音乐家，用世界上最好的乐器来演奏世界上最美的音乐时，如果我们连停留一会儿倾听都做不到的话，那么，在我们匆匆而过的人生中，我们又错过了多少其他东西呢？

我们总是在不断地赶路，不断前行，以致我们没有留意沿途美丽的风景，以致我们几乎忘却了年少时的梦想。我们像个陀螺一样旋转，我们是否得到了自己想要的东西？这样的生活是否是我们想要的呢？

第5节

提升学识修养，加强脑力运动

读书可以提升人的学识修养。苏轼有诗云："腹有诗书气自华。"莎士比亚也曾说："生活里没有书籍，就好像没有阳光；智慧里没有书籍，就好像鸟儿没有翅膀。"古今中外，书作为人类最亲密的伙伴，是人类永不过时的生命保鲜剂。

读书是一种不错的脑力运动，读书能够改变大脑结构，改变思维方式，让人变得聪明。

茂木健一郎是日本著名脑科学家、脑科学创意经济的领跑者，日本脑科学应用第一人。

他认为阅读是可以改造大脑的，并主要从以下几个方面进行了介绍：

Logion

智慧、爱心、勇敢和快乐都是你乐意体验，然后自然就会得到的东西。

（1）人在阅读时，不断地吸收大量的知识，然后储存起来，使我们大脑的颞叶（掌管人的记忆、听觉和视觉）变大。

颞叶受损，可能引发癫痫、言语障碍、记忆障碍、听觉障碍等疾病。

对学习和记忆起关键作用的海马区，也会因为阅读量的增加发生改变，不断增大。

可以说，读的书越多，这些结构改变越明显。

（2）大脑的很多细胞其实都处于“待业”状态，一般的利用率只有1/10，而且脑科学研究表明，成人的脑中确实存在着专门应用于阅读的精致脑回路。

这个区域叫作左侧枕颞区，它在阅读中发挥了重要的作用，也就是说，只有阅读才能点亮这个区域。阅读可以激发其他未开发的脑细胞，使它们活跃起来。

（3）孩子小时候的神经突触，是信息传递的关键部位，而阅读可以使突触形成、突触消失、突触增强和突触减弱，让神经元之间的突触连接不断得到完善。

人每天都在接收成千上万的信息，而突触使相同的信息加在一起，相反的信息会互相抵消，并对信息进行加工，留下有用的信息。

人类与黑猩猩 98.5% 的基因是相同的，只有 1.5% 的基因不同，为什么黑猩猩和人类的智慧相差这么大？

原因在于，人类拥有阅读和语言能力。

有人说，我看书了，但是看完后就忘记了内容，感觉效果不大。

那是因为你没有找到阅读的方法，就像砍柴，不按照纹路，事倍功半。

这里有几种阅读方法：

1. 精读重要内容

意大利经济学家帕累托说：在任何一组东西中，最重要的只占其中一小部分，约为20%，其余80%尽管是多数，却是次要的，这被称为二八定律。

书里只有20%的知识是精髓，其他的都是事例＋讲解，大概了解就好。要重点读20%的部分。

2. 先通读再仔细推敲

拿到一本书先别急着看内容，而是看目录，对整本书讲什么有个大致了解。

看章节内容时，先粗略地看一遍，然后再挑出重要的部分细读。

3. 波浪渐进法

读书不讲求一气呵成，遇到内容简单的书籍能够很快看完，但是难读的书，不如先大致浏览一遍，过段时间后再来看，就会有更好的理解。

4. 有输入就要有输出

为什么有人理解不了书中的内容，过段时间就会忘记？原因就在于没有输出。

正所谓“好记性不如烂笔头”，不做笔记，不做输出，很快就会忘记。

如何输出？除了笔记外，自己看完后可以写个大纲，然后再慢慢填充内容。

5. 同频共振法

读书也是看缘分的，有的书一看就喜欢，并能很快理解意思，有的书看了很久还是云里雾里，没有半点兴致，那就不要勉强自己，换一本自己感兴趣的书读吧！

这也是为什么孩子在刚接触阅读时，一定是先选择他感兴趣的书，有了兴趣他才会爱上阅读。

但是阅读面也要广，理工科的人也要看文学类的书，成年人也要看儿童读物。

拜伦曾经说过：“语言是看得见的东西，一滴墨水像露珠滴在思想之上，它使无数人展开了思维的翅膀。”

人一生中的学习，主要靠阅读，而阅读也是最快的吸收信息的方式。

第6节

学习如何学习，学习规划自己

Logion

学习、行动、反省、毅力、自律和成长是成功的保证。

一个成熟的人懂得合理安排自己的生活，懂得从方方面面规划自己的人生，这样的人其实已经离他们想要的生活不远了。

在成长的道路上，我们要合理规划好人生，朝着既定的方向，心无旁骛，矢志不渝，这样才能成就未来。

好的规划犹如一盏明灯，照亮我们前进的路，让我们趋利避险，踏平坎坷成大道；好的规划犹如指南针，指引我们前进的方向，让我们不偏不倚，走好人生的每一步。

由我国著名作曲家谭盾创作的专在水乐堂演

出的《天顶上的一滴水》，很好地呈现了他所擅长的“东西方交汇，古典与现代合流”。他有理想，有目标，善规划，22岁时就创作了第一部交响乐作品——《离骚》。尽管他的这一过于前卫的尝试引起了众多争议，但他并没有放弃，坚持在陶乐、水乐、纸乐诸领域做实验，不断创新，最终，他一举攻占了被主流音乐体系垄断的殿堂，全世界交响乐团都向他抛出了“橄榄枝”。谭盾的成功，缘于他对理想的执着追求，得益于他对人生的合理规划。

歌德说：“谁要是游戏人生，他就一事无成；谁不能主宰自己，谁就永远是一个奴隶。”人生有了明确的规划，就有了奋斗的方向，成功也就指日可待。

苹果公司在乔布斯的带领下，走出了一条创新发展之路。然而，当iPad风靡全球之时，他们并没有满足于已经取得的成就，乔布斯带领他的团队，着手对下一步行动进行科学规划，开始了新一轮的攀登。正是因为他们没有想着自己已经拥有的，而是想着消费者没有的，所以才能一次又一次地走在前面，不断给人们带来惊喜。“苹果”的成功，就在于它永不满足既定的成就，适时规划，不断创新，不断完善，不断创造奇迹。

事实告诉我们：人生在于规划。没有规划的人生，必定是失败的人生。

对于柯达，现在的年轻人可能并不熟悉，但是对于上一辈人来说，却是永恒的记忆。柯达曾是相机胶卷行业的龙头老大，曾经占据市场的半壁江山。然而，柯达沉醉于既往的成绩，没有对未来作合理规划，最终倒闭破产，昔日的辉煌一去不复返。

生活需要规划，人生需要规划。没有规划的人生注定是灰色的人生，缺乏规划的生活必定是死寂的生活。好规划，成就好人生！

就像人的生老病死遵循生命的自然发展规律一样，人生的整个发展过程也是有特定规律的。把握规律，规划人生，就把握了主动。

如何规划自己的人生呢？早在20世纪40年代，对人生职业阶段研究最为重视的美国学者舒伯就提出了“人生阶段论”。

舒伯将人生视为从出生到死亡的整个过程。这个过程和人的生理及心理发展一样，可分为连续不断的若干阶段，每个阶段都有一定的特征和课题，如果前一阶段的发展任务不能很好地完成，就会影响到后一阶段的发展，从而导致职业上的障碍。也就是说，前一阶段发展任务的达成与否直接关系到后一阶段的发展是否顺利。所谓发展各阶段的课题，是指人在发展过程中按阶段必然会面临的一个接一个的问题，并形成一个系列。

根据舒伯的人生阶段论，我们可以成长、探索、确立、维持、下降为中心来规划自己的人生。

1. 成长阶段（从出生至14岁）

成长阶段又可分为三个时期，即空想期（4~10岁）、兴趣期（11~12岁）、能力期（13~14岁）。

空想期（4~10岁）：儿童从外界感知到许多职业，对自己觉得好玩和喜爱的职业充满幻想并进行模仿。在这个时期，对幻想中角色的扮演很重要。

兴趣期（11~12岁）：以兴趣为中心，理解、评价职业，开始作职业选择。

能力期（13~14岁）：开始考虑自身条件与喜爱的职业是否相符合，有意识地进行自我能力培养。

在成长阶段主要应培养自立能力和对自己行为的责任感，选择适合自己能力的活动，培养对集体计划协同合作的认识。

2. 探索阶段（15~24 岁）

在进行自我剖析与职业探索的过程中，体会职业的作用。当找到了适合自己的工作时，便把已开始的工作视为今后职业生涯的开端。探索阶段也可分为三个小的时期，即暂定期（15~17 岁）、转移期（18~21 岁）、试行期（22~24 岁）。

暂定期（15~17 岁）：通过学业与课余生活，综合认识和考虑自己的兴趣、能力与职业社会价值、就业机会，作暂时的决定，并在幻想、讨论、课业及工作中加以尝试。注意升学或就业的一切机会，并在思考自我实现可能性的过程中，重视现实的因素。

转移期（18~21 岁）：有某种职业倾向，正式进入职业领域，或者接受专门的教育，进行专门的职业培训。更重视现实，并力图实现自我观念，将一般性的选择转为特定的选择。

试行期（22~24 岁）：选定工作领域，开始从事某种职业，并试验其成为长期职业的可能性。当找到了适合自己的工作时，便把已开始的工作视为今后职业生涯的开端。若不适合，则可能再经历上述各时期以确定方向。

这个阶段对人的一生有着至关重要的影响：一是学习方向、教育机会的选择；二是职业方向的选择。很大程度上，除了家族因素外，探索阶段的发展情况直接决定一个人职业生涯的起点有多高。是选择职业学校还是读大学？在哪里读什么样的专业？在读期间是否准备好了今后职业应具备的素质，如果发现专业不适合，是否及时调整？这一系列问题都至关重要。

3. 确立阶段（25~44 岁）

在该阶段，人一般已经获得了与自己相适应的职业，并为了自己终身从事的事业而进行自我修正和调整。确立阶段可分为两个小的时期，即修正期（25~30 岁）、安定期（31~44 岁）。

修正期（25~30 岁）：个人在所选的职业中安顿下来，重点是寻求职业及生活上的稳定，也可能因生活或工作上的若干变动而尚未感到满意。

作为一个特别的节点，30 岁是评估个人发展状态的一个重要时间。30 岁的时候，学业的根基已经确立，个人的价值观已经形成，不会被外力所动摇。

安定期（31~44 岁）：随着自我职业发展方向的明确，进入了职业上的自我安定时期。这一时期人会致力于实现职业目标，并为确立与保持地位而竭尽所能。对于大多数人来说，这一时期也是最富有创造力的时期。对于我个人来说，正是在别人的安定期，我进入了人生最大的转折期。30 岁，我放弃了杭州优越的生活环境，放弃了大学心理学讲师的职业，携家带口来到改革开放的最前沿——深圳；40 岁，我又放弃了被视为金饭碗的职业，毅然决然地下海，投入友邦保险做了一名保险营销员。如今，60 岁开外的我已做好了不退休的人生规划，目的是迎接长寿时代的到来，实现自己生命的最大价值，探索生命的丰富性与可能性，拥抱长寿时代带来的机遇与挑战，重新开始了人生后半场新一轮的成长期、探索期、确立期……正因为预见到了未来可期和个体发展的空间，所以必须做好百岁人生的重要规划。

在这一阶段，人们一般已经找到了与自己相适应的职业，并为能终身从事而进行自我修正和调整。这一阶段是大多数人职业生涯的核心阶段。

4. 维持阶段（45~64 岁）

由于个人的地位在职业社会已经确立，个人对职业的关注点往往集中于保持自己已经达到的地位和有利的现状，同时，对开拓新的职业领域的兴趣逐步下降。人们会开发新的技能，维护已获得的成就和社会地位，维持家庭和工作两者间的和谐关系，寻找接替人选。

5. 下降阶段（65 岁及以上）

随着身体、精神方面能力的下降，个人对职业活动慢慢开始力不从心，并逐步从参与者转变为旁观者。下降阶段也可分作两个小时期，即减速期（65~70 岁）和引退期（71 岁及以上）。

减速期是职业退出的时期，也可以划入维持阶段的最后时期，这时人的活动节奏变得缓慢，原来正常的工作时间和工作量均减少，以便与自己的身体、能力相适应。

至于引退期，因为存在个体差异，所以什么时候完全停止职业活动无法断言，对于有的人来说，工作可能依然是人生的乐趣，但对于有的人来说，工作已成为压力与负担。

人生阶段论认为，人生的每个阶段都有各自的课题、各自的追求，人生不同阶段的期待也是不同的。通常，人们在探索阶段，会认为自己能得到最大锻炼的工作是最好的工作；在建立阶段，会认为收入最多的工作是最好的工作；在维持阶段，会认为最有利于实现自己人生价值的工作是最好的工作。当然，所谓的“好”是因人而异的，到底什么样的工作才是好工作，每个人心中都有一杆秤。

第6章

人际交往——活出生命的张力与弹性

从事寿险业的最大好处之一，是能提升人的交往价值。我在20多年的职业生涯中发现，客户所在的领域、行业、专业、财富层次、年龄特征及个性特征都是非常广泛与不同的。

第1节

跨龄交往、跨界交流将成为主流

Logion

赚不到钱，并不是没钱可赚，而是你不在赚钱的圈子里。

未来，跨龄交往和跨界交流将成为一种常态。

以后人们的寿命会越来越长，多数人甚至可以活到100岁。一旦我们活到100岁，我们的生活方式、行为习惯都会随之改变。

在我们只能活到70岁的时候，我们的人生一般划分为三个阶段：第一个阶段是上学，第二个阶段是工作，第三个阶段是养老。

假如我们能活到100岁，那么这种划分就要被打破，我们的人生要从三段式变成多段式。所谓的多段式，就是一辈子被分割成为四段、五段乃至七八段，每一小段都有自己不同的主题，并且各段之间不会有明确的边界。

比如，我们很有可能在20岁的时候工作，50岁的时候又重新回到学校去读书，为了更好地度过这漫长的一生，我们要不断地自我更新、自我革命。

因为多段式人生的存在，人们对年龄越来越不敏感。你的上司可能只是一个20出头的小伙子，你的同事40岁了，才刚刚结婚。未来，我们身边会存在各个年龄段的人。

年龄层之间不再有明显的区分，不管是十几岁的毛头小伙，还是40岁的成熟男士，都有可能成为我们的同学或者同事，大家在一起工作、学习、交流。不可避免地，以后跨年龄交往、忘年交也会逐渐增多。

人类社会是一个整体，移动互联网是时代趋势，企业间、产业间跨界合作一定会成为大方向，因为在这个互联时代，几乎没有人可以独活。

MDRT的年会分享嘉宾多数都是跨界的，这可让与会者从各行各业顶尖的分享嘉宾那里汲取养分并看到实现自我价值的可能性。

友邦CEO张晓宇先生在武汉接受专访时说：

“我成绩比较好，16岁进入复旦大学数学系。最早我的理想就是做一名教授，当一名数学家。大学毕业时，本有获得全额奖学金到国外留学的机会。不巧的是，父亲正好得了重病，弟弟也正面临高考，因家庭的困难状况，我就留在了国内，继续读复旦大学直硕。当时，正好友邦保险与复旦合作成立精算中心，资助学生去北美参加精算师资格认证的学习。我得知精算师在全球是排名第一的职业，属于金领，于是就下决心去读精算专业，也是从那个时候开始了解保险。经过了解，我就在想，父亲病重时若是有一份保险，家里的境况就会好得多。我回去就跟父母讲了，他们也蛮认可，就这样入了这一行。进入保险行业，可以说有点误打误撞。但这个行业的意义真的非常重要。我常跟很多人分享：你的家庭没有经历过比如像重疾这样的困难，你是无法体会那种困顿，那种一家人都很焦急的境况的。”

“股神”巴菲特的黄金搭档查理·芒格曾在自己的书中提出：“你必须要掌握各个主要学科的主要理论观点，然后将它们融会贯通在生活中，并且加以运用。大多数人是在一个思维模式中接受培养的，比如经济学，但最后也设法用另一种方式来解决问题。”很显然，查理·芒格的这番话说明跨界思维是值得推崇的。

2012年8月，周杰伦与篮球明星科比展开了一场跨界PK，许多明星前来助阵，篮球与音乐的碰撞，给粉丝们带来超视觉的精神盛宴。

这一点与企业界面临的问题如出一辙，如何延长自己的产品或者品牌受欢迎的时间是一个大问题。“主角”们把跨界当成了助力市场的新起点，换句话说，他们已经迫不及待地渴望跨界，因而当“后来者”们还在依靠传统手段拼得你死我活的时候，“主角”们已经对跨界营销轻车熟路了。

开放是融合的前提，也是跨界思维的核心。在现代开放的生态系统中，只有通过跨界才能发现与外界其他要素之间的一些联系，在这个基础上才能探索出跨界合作交流的规则。

非常幸运的是，寿险行业是跨龄、跨界交往的典型代表，我的客户有出生在新中国成立前的，也有出生在2020年以后的，跨度近80年。活跃在各行各业的朋友，都有可能成为友邦的客户。在20多年的保险职业生涯中，我深深体会到了保险给我带来的生命力与影响力，以及不断的跨龄、跨界交往中带来的学习与成长经验、沟通与服务机会，这使得我愿意将所有的生命热情、自信和丰富的专业知识（教育学、心理学、经济学等几十门学科）和人生阅历，奉献给这个时代中我爱的人和爱我的人。

第2节

心无界，业无疆，分享人生的态度与美好愿望

Logion

你怎样对待世界，
世界就会怎么对待你。

只有充分珍惜生命，提升生命格局，扩大认识边界，才能做到心无界，业无疆，人生不设限！

MDRT 的价值观是我非常认同并欣赏的，即关怀、分享、追求卓越。

关怀是世界上最伟大的力量，人们彼此之间真诚无私的关爱是 MDRT 的最低要求和基本门槛。当你成为正式会员时，MDRT 希望你能从心灵上、人格上为自己设定更高的标准和要求，让自己成为一个更懂得关爱、更愿意与别人分享的人。

分享是对世界最无私的贡献。生活是盘多味菜，酸甜苦辣都要有人分享。无论是成功的喜悦还是失败的辛酸，MDRT 会员都乐于与人分享，在分享的过程中，一些先进的理念和思想不断被提炼、熔铸，这也是 MDRT 的核心价值观。

追求卓越是全人类的共同目标。MDRT 建立的是一个脱离平庸的行业标准，大家互相学习、相互感染，在不断追求卓越的过程中乐此不疲。它关注的不是财富和生命本身，它崇尚的是人生无止境的价值提升。MDRT 不只代表世界顶尖，更代表寿险营销人员追求卓越的承诺和坚持。

分享是关怀的行为方式，分享的目的是追求卓越和无私奉献的境界。

没有人分享的人生，无论面对的是快乐还是痛苦，都是一种惩罚。

分享是一种快乐，因无私而快乐；分享也是付出，因付出而从容。MDRT 的演讲嘉宾毫无保留地与会员们分享他们如何成功和领会到的人生真谛，表达出一种对生命的关注与关爱，这是人类思想的精华，是成功者的共鸣！MDRT 崇尚的是奉献，是"义工"精神，"予人玫瑰，手留余香"，所有的分享都希望能给与会者带来一些思想的震撼和启迪。随着 MDRT 在我国的推广，这种精神也随之传递和传播。从业 20 多年，我很荣幸能够站在分享的演讲台上体验、收获，分享的是成长的经历和感悟，收获的却是内心的坚定和强大，因为分享的内容必定是深思熟虑的精华，是多年实践铸就的真理，是思想力的核心部分，每次分享，会使自己的目标更加清晰，对自己的信念更加坚持，对自己的行动思考得更加充分和成熟，而离心中锁定的自由和成功更近一步。2010 年，我有幸当选 MDRT 中国大陆区主席，并受邀成为 MDRT 在温哥华的上台分享嘉宾，我分享的主题是《信念的力量》。能够站在世界的舞台上与

6000多名与会人士共同探讨信念的话题，何其荣幸和惬意！近两年，由于全球新冠疫情蔓延，MDRT的年会改在全球互联网上进行。我再次荣幸地被邀请成为年会的分享嘉宾，2021年我分享的主题是《从反脆弱的角度谈保险人生》，2022年我分享的主题是《穿越时空，预见未来——何时找到人生的方向》。

分享最大的受益人是自己，每一次分享都是自我成长和自我印证的机会。我写这本书的目的也是为了分享我的经验和体会。因为拥有，所以分享。只有分享才能充分领略付出和收获的快乐，才能给予他人和自己无限的鼓舞和美好。

第3节

人生不设限，充满信心、希望和青春活力

Logion

人之所以能，是相信自己能，并坚持采取正确的方法。

信心是一种心理潜能。当一个人对自己充满信心的时候，常常就是他获得成功的时候。一位心理学家指出：人的天性中有一种倾向，将自己想象成什么样子，就可能成为什么样子。也就是说，如果你是一个充满信心的人，有信心克服困难，有信心处理问题，有信心获得成功，那么，你就有可能成为你希望成为的那种人。

与浩瀚无穷的宇宙相比，人的一生就如流星一样短暂，然而正因如此，我们生命的目的与意义才在于迈向终点时的价值，而不是起跑点的价值。从起点到终点，我们要饱尝各种痛苦、伤悲

和烦恼，尽一切努力摆脱之余，也感受到生活的喜悦、乐趣和幸福。

所谓人生，就是为了修炼灵魂、提升心性而经历的全部过程。MDRT的会员中有好多苦难中的胜利者，上帝的忽略让他们经历了比别人更多的痛苦和辛酸，但他们不抛弃、不放弃，在积极与乐观中成就事业，修炼高尚的灵魂，练就崇高的品性，最终受到世人的尊敬，收获了人生的灿烂与辉煌。走近他们，聆听他们的故事，你的心灵会受到极大的震撼，除了感慨，你会觉得眼前再没有什么困难会难倒自己。MDRT并不在乎每一个人生来是什么样的，而看重的是我们做了什么、有着什么样的精神意念。人生中应对疾苦的过程是对灵魂的锻炼和考验，在这个过程中，我们的心性也得以提升。在人生的终点，我们带不走的是财富、地位和名利，跟随我们的是无憾和无往而不胜的灵魂。

对于保险业，我和我的同人一样都是从见习业务员做起的。记得第一次拜访一位领导时，我递上名片，领导看了一眼，说："你是见习业务员？"我说："是的。"也许在领导眼里，我这个见习业务员实在不怎么起眼，从业资历确实太过单薄。谈话之后，领导要把名片还给我。我说："做个纪念好吗？就当是勉励后来者吧！"

其实，我心里已经暗暗下定决心：一定要一年上一个台阶。后来我真的做到了。每天的奔波忙碌、每天的尽心尽力、每天的挑战极限，换来了令自己满意的业绩；同时，学习、生活、社会关系、口才、审美等方方面面的能力都得到了前所未有的提高。

世界上再没有任何力量能像信念这样如此强烈地影响着我们。信念就像指南针和地图，指引我们前进的方向，并使我们确信必能到达。人类的历史，甚至可以说是信念的历史。没有信念的人，就像少了马达的汽艇，无法前进一步。信念会帮助你看到目标，鼓舞你去追求，创造你想要的人生。

我人生的前几十年，在学校教书育人，在机关从事行政管理工作，我万万没有想到有一天我会服务于如此庞大的客户群体，没有料到我会发挥自己方方面面的能量去帮助有需要的人。保险业务让我的生命充满创造和挑战，也使自身的潜能得到最大程度的开发。对目标、信念的追求不可能一帆风顺，当疲惫、沮丧时，我会坚定地告诉自己：这正是自己要面对的！

每个人一生中都有一门重要的课程要学，那就是怎样去面对失败。挫折是一门必修课，面对挫折的心态往往决定了一个人一生的命运。记住这句话："不怕失败比敢于成功更重要！"

第4节

MDRT平衡而智慧的七个领域

Logion

世界不会因为一个人的批判变得更好，但肯定会因为一个人的智、仁、勇而变得更好。

当哲学家莫提默·J. 艾德勒在1961年的年会上把“全人”理念介绍给MDRT会员时，他一定没想到他的话会在将近50年后，对如此多的人产生巨大影响。

对于有些人来说，保持工作与生活的平衡非常容易，但是大多数人都因事业、家庭和生活上的各种事情忙得不可开交。任何事情都需要花费时间和精力，所以人生中有很多很重要的事情容易被遗忘，比如社区服务、身体健康以及精神追求等。为了让所有的生活元素都达到平衡和谐的状态，许多MDRT成员都奉行“全人”的理念，即在生活的七个领域保持平衡，包括家庭、健康、教育、事业、服务、财务及精神。成为一个“全人”，过着多姿多彩、平衡和谐的生活，来自这样的基础——持续的快乐、健康的体魄、愉快的家庭关系、财务上的安全感、真挚的友谊、智力上的成就感、自信的气质。

做一个“全人”不是只做一次就够了。“全人”理念应该贯穿于整个人生，因为这是坚持不懈追求生活中各方面达到平衡的一个过程。要踏上这个有意义、有价值的征程，就要把充分发挥个人潜力作为终生奋斗的目标。

家庭——“全人”与配偶、子女、父母、兄弟姐妹以及其他家庭成员共度有意义的时光，努力把分享、关爱、互相尊重与坦率作为家庭成员之间关系的基石。

健康——“全人”通过有助于促进身体和心灵健康的学习、膳食、锻炼以及生活习惯来保持健康的身心。

教育——“全人”通过持续不断的智力开发，追求充实的人生。他们热衷于一切有意义的追求，能够丰富自己以及他人的生活。

事业——“全人”不断努力提高工作效率，在职业上赢得更多尊重，追求新知识和技能，为行业及专业组织贡献力量。他们身体力行，以自己为榜样，通过指导和带领行业同僚，帮助他们在事业上取得更大的成就。

服务——“全人”为社区和公众服务组织、教育机构、政府、民间慈善团体，以及其他高尚的事业，自愿贡献时间、精力、领导力、财力，并且不计个人回报。

财务——“全人”知道如何量入为出，享受和分享劳动成果，并且知道如何在生命的不同阶段配合制定和实施创造、积累和保存财富的计划。

精神——“全人”遵照个人的信仰生活，在帮助别人更加成功的同时，也不断追求自己精神层面的成长。

要达到人生的平衡，即以上七个领域的平衡，并不容易，我们既要追求人生的金色区域，包含事业的成就、工作的进步、富裕的生活，也要享受人生的绿色区域，包含精神文化、兴趣娱乐、身心健康。这需要大智慧，需要我们孜孜不倦的努力。

平衡木长 5 米，宽 0.1 米。一名体操运动员在上面完成一套完整动作的时间可能不超过两分钟，但一个人要在人生的平衡木上完成全套动作需要一生的时间。完美与平衡，既是一名优秀体操选手的追求，也是我们每个人的追求。但人的一生中，又有谁能够保证不从平衡木上掉下来呢？重要的是，别急着擦眼泪，争取在 10 秒钟内重新回到平衡木上，继续人生的旅程。

我有一位客户是企业老总，夫妻二人共同打拼，好不容易有了今天的成就，但两个人都一心扑在公司，孩子的教育就成了大问题，他们的生活中出现了事业与孩子教育之间关系的失衡，总认为无法顾及孩子们的成长。聊天中我问他们，1 个月有 30 天，你能不能把 3 天留给你的孩子。孩子的母亲毫不犹豫地说基本上可以。孩子的父亲却说，公司做得那么大，很难抽出时间来。我说，那你的成功怎么来衡量呢？虽然经营企业可以为你创造几亿元的经济价值，但你却无法复制孩子的童年，难道你想等到孩子长大了才后悔，才痛惜无法挽回的无价损失？企业要经营，但并不缺少你 1 个月的 3 天时间，可以松松手、缓一缓，用这 3 天去和孩子在一起，为他的童年留下美好的记忆，因为孩子的成长只有一次。客户默然，眼圈有些红了。我知道他们已经在反思自己的失衡状态。

那么，我们怎样才能保持平衡呢？

既要知足，又要不知足。不要与天比大，不要与地比厚，要设定切合自己实际的远大目标。不知足就是比较而不计较。愿意比较的人看重事业，不计较的人看轻得失；愿意比较的人有上进心，不计较的人有幸福感。既有幸福感又有上进心的自我，就是平衡的自我，这样的自我才不容易掉下人生的平衡木。

懂得无可无不可的道理。世界上没有什么人与事是绝对正确的，也没有什么人与事是绝对错误的，比雪白的，未必就是白，比炭黑的，未必就是黑，不要把自己当作衡量万物的尺子，而要当作万物的一部分，这样你就可以与任何事物相容。因此，不要执着于一成不变的是非观念，把我是你非的表情像皱纹一样深刻在脸上，还有什么人愿意和你交往？正确的态度应该像歌曲《乡间的小路》中唱的那样："笑意写在脸上，哼一曲乡间小唱，任思绪在晚风中飞扬。"

凡事有为有不为。孟子曰："人有不为也，而后可以有为。"意思是说，你知道什么事是不可以做的，并且不去做它们，然后你就知道该做什么，并且可以成就大事业。你做的事情越少就越精。如果你的精力、能力和财力是钢，只有放弃刀身和刀背，把钢集中在锋刃上，才能成就一把宝剑。你如果想把什么事都做精，只会把自己累倒，彻底掉下人生的平衡木。

Logion

时时以一颗欢喜心、结缘心、感恩心、服务心待人接物，生命就像沐浴在朝阳下的鲜花，必然特别美丽动人。

第5节

提升自身的六大能量：生命力、想象力、创造力、持久力、影响力、贡献力

提高自身能量，既是提高生命质量，也是改变运势、改变关系、改善身心健康的通道。

人的能量是客观存在的，能量越高，内在力量就越强大，也越容易吸引高频的人和事物来到身边。让自己内在充满平和、平静、爱、智慧、慈悲等美好品质。

稍微观察一下自己和他人，你就会发现自己有时候能量水平比较高，一天可以做很多事情，有时候能量水平比较低，连续一周，甚至一个月状态都不好，做事都没有效率。

同样地，有的人好像能量水平一直都比较低，整个人缺乏生命活力和行动力，有的人则能量水平比较高，整天都活力无限，精力和行动力满分。

这其中当然有个体天生的差异，必须承认有的人遗传基因就是强大，天赋异禀。但如果抛开天生的个体差异，我们如何去提升自己的生命能量呢？

我建议你从以下六个方面去提升自己的生命能量：

一、生命力

生命力是指维持生命活动、生存发展的能力。生命力可以指人的生命力、社会的生命力、自然的生命力。生命力所呈现的应该是一种生命的状态。生命力所表达的应该是一种生命状态的力量。

对于人们来讲，生命力应该源自人们的内心，如果你的内心充满生命力，那么你就一定拥有着生命力。它可能是一份信念、一种坚守、一句承诺。我们每一个人都想拥有旺盛的生命力，那么这样的生命力是怎样保持的呢？

究其根源，生命力就是来自身体内部的活力，这种活力离不开脏腑和气血的支撑，所以要提升生命力，就是强脏腑、强气血、强体质。

有很多提前透支生命力的朋友，年纪轻轻，感觉暮气沉沉，缺乏活力和朝气，这是生命力不够了，之前用得太多，剩下的少了，但还能维持生命。

这种情况怎么办？

首先，要摆正心态，就是认识到生命力的特点，只要使用得当、懂得节制、省着点用，即使剩余不多，也能支撑很久，这个不用担心，一切取决于使用方式和程度。其次，把导致生命力流失的一切不必要的方式丢弃掉，比如负面情绪。生活方式要科学，保证充足睡眠，睡眠是很好的保养方式，对生命力消耗极低。只保留最重要的事情，说到底，就是懂得取舍，最大限度地节省生命力。

二、想象力

想象是人脑在改造记忆的基础上形成新形象的心理过程，也是把以往经验中已经形成的短暂的联系重新组合的思维过程。想象是创造活动的基础和先导，是激励创造活动、产生科学假说的源泉。只有张开想象的翅膀，才能更好地发掘大脑某些方面的潜能。那么我们该如何提高自己的想象力呢？

（1）扩大知识面，丰富知识经验。丰富的想象力是以丰富的知识和经验为基础的，也是以记忆为基础的。而一切科学创造、技术上的革新和艺术上的创作，都是在丰富的知识经验的基础上，通过创造性想象而获得的。一个人知识、经验、信息储备的多少，对其想象的广度和深度有着重要的影响，但这并不意味着想象力与知识经验成正比。缺乏独立思考、满足已有知识，将压抑自己的想象力。

（2）保持好奇心，多问“为什么”。好奇心是发挥想象力的起点，因此要提倡科学的怀疑精神。遇事多问几个“为什么”，使自己大脑的想象功能在思考中升腾。而要使想象力奔驰起来，还要保持丰富的情感，情感可以刺激想象；悲观失望的情绪不能使大脑高度兴奋和活跃起来，这时想象力自然也无法发挥。

（3）认真思考，富于联想和幻想。从广义上讲，想象包括联想和幻想。所谓联想，绝不是简单的思考，而是许多思考的连接和扩张。联想常常表现为由表及里、由此及彼的顿悟。一个人如果不善于联想，那么他就不会举一反三、触类旁通，就不可能产生认识上的飞跃。许多人成功的事实表明，他们往往能抓住生活中的偶发事件，产生丰富的联想，以此构筑鸿篇巨刊和提出科学假说、技术发明等，如托尔斯泰的《安娜·卡列尼娜》就源于一件女子卧轨的新闻事件。魏格纳从看到世界挂图到创造大陆漂移说，贝尔从听到吉他声到改装电话机……联想的力量是如此惊人！所谓幻想，是由个人愿望或社会的需要引起的指向未来的特殊想象。幻想比联想距现实客体虽然远一步，但它是更高一级的思考。没有幻想，就没有科学假说，没有科学假说，也就没有科学发展。

（4）多读文学作品，提高文艺修养。几乎所有的心理学家都非常强调文学艺术修养对培养、提高想象力的价值。如苏联著名心理学家捷普洛夫说："阅读文艺作品，这是想象的最好学校，这是培养想象的最有力手段。"一方面，文学艺术作品可以给人们提供丰富的形象，特别是典型形象；另一方面，欣赏文艺作品，又要求人们必须张开想象的翅膀，于是在运用想象的过程中，自然也就锻炼了想象力。

（5）在实践中观察，在观察中想象。当我们想象某个事物时，就是捕捉该事物与头脑中经历过的事物之间的特征和属性的关联，而头脑中事物特征和属性的获得首先要靠观察。因此，观察力的提高对想象力的培养非常重要。

（6）培养多种爱好，丰富日常生活。广泛的兴趣和多方面的爱好可以使你思路开阔，想象也就有了广阔的天地。大千世界是复杂多样且彼此相关的，具有多方面的爱好和广泛的兴趣，可使你的各种知识互相补充、启发。

正如爱因斯坦所说的："想象力比知识更重要。因为知识是有限的，而想象力包括世界上的一切，推动着进步，并且是知识进化的源泉。"黑格尔也断言："如果谈到本领，最杰出的艺术本领就是想象。"

三、创造力

创造力，顾名思义，就是"开创"和"制造"以及"能力"三个名词的缩写。那么作为一个普通人，我们该如何开发自己的创造力呢？

（1）知识储备。创造力不是凭空而生的，想要有创造力，首先你得去学习掌握一定的知识。牛顿说过："如果说我看得比别人更远些，那是因为我站在巨人的肩膀上。"聪明人总是懂得利用现有的知识，对其进行加工，从而创造属于自己的价值。

（2）创造源于生活，要在生活中发现问题。我们为什么要创造呢，原因很简单，是因为生活的需要。创造力从发现问题开始，仔细观察生活，发现问题就等于开启了一半创造力。

（3）解决难题。这里说的难题不是指考试的难题，而是生活中遇到的实际问题。你可能会觉得生活得很美满，并没有遇到过什么难题。那么你就要去发现别人的难题，从而寻找解决的方案，帮助别人解决难题也是提高创造力的方法之一。

（4）激发想象力。想象力需要培养，看科幻小说、未解之谜、科幻电影是激发想象力不错的选择。想象力需要从小培养，但是很多中国的学生为了应付考试，把很多时间花费在刷题上，没有足够多的时间来培养自己的想象力。激发想象力需要尽可能地博览群书。此外，还应培养多方面的爱好，兴趣广泛可以激发一个人的想象力。

（5）培养专注力。专注力不是一整天死死盯着手机看电视剧，也不是刷几个小时朋友圈。而是做一件事时头脑中没有任何杂念，完全沉浸其中，感受意识的流动。

（6）寻找灵感。创造始于灵感，灵感始于问题。爱因斯坦说过："成功是百分之九十九的汗水加上百分之一的灵感。"但这百分之一的灵感是最重要的，没有这百分之一的灵感你就无从付出那百分之九十九的汗水，更别提创造了。

四、持久力

增强一个人的持久力，往往都是从小事做起，哪怕你认为那是微不足道的小事。

可以试着从按时起床、按时睡觉开始。当你能把这些小事做好，你就有了一定的意志力，可以试着接受新的挑战了，比如跑步。跑步不仅能锻炼自己的身体素质，而且还能提高自控能力。

分阶段锻炼自己的意志力，在每个阶段给自己制订新的计划，不断超越自己。当你想放弃的时候，就回头看看你已经站在了一个什么样的高度，有的时候只是需要再坚持一下。

不要总是抱怨生活给你的太少，要想想是不是自己付出得不够多，闲下来的时候多问问自己，什么是你想要的生活，你的理想是什么。如果不知道自己最终会是什么样子，那么沿途的风景也是值得你付出的。

增强自己的自信心也是锻炼意志的一种手段，不要什么事情在还没有开始去做的时候就觉得自己不行、做不来、办不到。没有试过怎么知道自己不行呢？也许你真的用心去做的话，会比很多人做得都好。

增强持久力是一个循序渐进的过程，需要的是坚持，也许我们会很累、很辛苦，但只要我们咬牙坚持，假以时日，会有意想不到的收获。希望多年之后我们回首往事的时候，会庆幸自己没有在半路放弃，没有迷失自己。

五、影响力

个人影响力指的是你在别人心中的地位和分量。影响力基本上通过一个人的品格、知识、情感、技能等方面来体现。

那么如何打造个人影响力呢？第一步是分析自己。很多人觉得我怎么会不知道自己是个什么样的人呢？可事实上，绝大部分的人都无法认清自己。一个可以客观评价自己的人，在自我认知部分就会更精准。第二步是定位自己。这一点其实与产品的定位有些类似。有些品牌之所以可以成功，与其对自身产品的高度认知和品牌价值的集中萃取有关，营销人员一眼就可以识别和关联用户。对于我们来说也是一样，知道自己是什么样的性格之后，大致也就知道了自己适合往什么样的方向去发展。第三步是形成标签。在你过往的各种各样的人生场景中，你需要提取一些标签，当陌生人想要认识你的时候，可以更快地了解你。第四步，在这些标签中，努力向优势的部分、正向的部分作深入的努力和提升。

六、贡献力

为了不被时代的洪流淹没，我们必须与他人互助。超越个人的立场，和各类团体中的成员相互联系、相互支持，由此产生力量，这就是“贡献力”。此处所说的贡献力，并不仅限于志愿者式的社会贡献。首先，当事人想和对方联系在一起，必须有对等的关系，知识的交换必须是双向的，不能仅是一方的奉献活动；其次，贡献的动机也不仅是为实现大多数人的利益，或者实现社会的利益，做出贡献的个人也要觉得这件事有趣，自己真心想做，要以内在动力为基础。拥有贡献思维的人，会善于发现和培养所有人际关系中的共同体。他们会体会到成就感和连带责任，创造出新的知识。贡献力并不只是为他人做出贡献，也是为了可以按照自己的方式来组织生活和工作，更好地发挥自己所拥有的能力。

第6节

关系本身就是目的，唯一需修正的是自己

Logion

多彩的生活，既有阳光明媚，也有倾盆大雨。有时候生活就是一种妥协、一种忍让、一种迁就。

通常我们搞好关系，是出于某种目的。但是如果关系本身就是目的，很多事物的意义就会不同。

有时候我们会被“关系”所绑架，比如说，我们希望孩子不要顶嘴，认真完成作业；我们希望生活中的另一半，比如恋爱伴侣，或者老公/老婆，能够体贴；我们希望父母不要参与太多我们的生活，让我们自己作决定。当这些愿望没有实现时，我们会对关系中的另一方感到失望、伤心，甚至有时候会愤怒、憎恨等。

但如果我们放弃对另一方的要求，单纯地考

虑这层关系，会活得通透很多。关系不会因我们的情绪而转换或者改变。无论孩子是不是写完了作业，他都是我们的孩子；无论父母是否爱唠叨，他们都是我们的父母；另一半是否体贴，其实也不是我们能够决定的。只要我们不去强行改变别人，仅仅从关系本身出发去思考一些问题，事情就会变得容易很多。

要不断修正自己，修正自己，不是一种无奈、一种悲情，而是一种坚忍、一种奋进。

这种坚忍和奋进就是一粒种子，只要有水分和土壤，就会长成参天大树。所以说，人生而有愚，乃正常，关键要懂得修正。

只有经常修正自己才能增加能量气场。作为智性生物，人对自己的智性责任，在于克服人性弱点，走出心理误区。在努力认识世界本质的同时，认真把握自己的生活坐标并且不断地修正自己，担当起码的社会责任，增强自己的气场能量。

一、修正形象

美国心理学家洛钦斯曾提出，在人际交往中存在一种“首因效应”。

更通俗地说，就是人与人之间的第一印象往往是最鲜明、最牢固的，它影响和决定着以后双方的交往进程。在我们的生活中，第一印象往往取决于一个人的形象。如果一个人外表邋遢，别人对他的印象会大打折扣，也会质疑他办事是否靠谱。如果一个人干净端庄，别人对他的信赖度和好感度无形中会增加。身材不求有型，但也不要油腻邋遢；行头不求价值千金，起码要干净整洁。当你开始打理自己的形象时，你的境遇也会随之改善，人生也会开始走上坡路。

二、修正言行

孔子在《论语》中写道：“未见颜色而言，谓之瞽。”意思是说，不看别人的脸色随意说话，叫作睁眼瞎。与人相处，行事不可任心，说话不可任口。与人交往最大的自觉就是：三缄其口，不以言语伤人；三思而行，不做让人难堪的事。我们的一言一行，如一把尺，量的是情商高低，测的是教养深浅。

三、修正情绪

心理学家戴维斯教授曾对近 1000 人做过跟踪调查，然后得出一个结论：一个人如果长期处于激烈的坏情绪当中，会导致家庭失和、事业糟糕，或者把好事情弄得一塌糊涂。假如你是一名员工，一遇到挫折就崩溃大哭，受到委屈就撂挑子不干，如此情绪化，试问哪个老板敢委以重任？假如你是一位丈夫，大事掀桌子破口大骂，小事冷着脸大声斥责，这样的家庭哪里有幸福可言？狄更斯说：“情绪心态之健全，比一百种智慧更有力量。”情绪稳定，是成年人最稀缺的能力。

四、修正圈子

著名社会心理学家罗伯特在《影响力》一书中提出一个概念：社会

认同倾向。简单地说，就是人会不自觉地模仿周围的人进行思考和行动。雄鹰在鸡窝里长大，就会失去飞翔的本领；野狼在羊群里瞎混，也会丧失狼性。我们选择了什么样的圈子，就选择了什么样的生活层次。唯有不断升级自己的圈子，和优秀的人共事，和靠谱的人相处，才能遇见更好的自己。

五、修正品行

为人处世，最重要的基石往往不是能力，而是品行。人，若想立身于世，必须要德智并举。《傅雷家书》中，傅雷这样教育孩子："先做人，后做艺术家，再做音乐家，最后是钢琴家。如果把钢琴家作为第一步，恐怕成不了世界一流钢琴家。"行走于世，做事先做人，做人先立德。一旦所为有悖道德，有违法律，小则失去人心，大则毁掉人生。修身修心，不逾底线，每一步才能走得坚实有力。

钟表走得久了，要重新校准时间；帆船走得远了，要及时锚定航向。在人生这一趟崎岖旅程中，我们也要时刻反省错误、修正不足，这样才能抵达理想的远方。

第7章

时间复利——成为长期主义者

早在40年前，我大学刚毕业，还在寻找就业机会的时候，就一直在思考一个问题：在这个世界上有哪些岗位是永恒不变，而又是我可以选择的？我第一想到了教师岗位。因为只要有人类就会有学校，也就会有教师；同时我想到，只要有国家就会有政府，也就会有公务员岗位。这两种岗位都是旱涝保收的，并且是要准点退休的。而对于保险业，我在入职时就听到了资深海外保险经理人在非正式会议中谈到，在全球范围内，只要共产主义尚未到来，保险就是永续的行业。那么，你想成为长期主义者吗？经济学和统计学告诉我们，随着时间的推移，所有事物的发展最终所呈现的都是非线性指数变化。想知道自己是不是长期主义者，可以试着问自己以下几个问题：

第一，遇到问题时，你是否会全盘考虑？

第二，你是否有拨开云雾看准方向的能力？

第三，面对即时满足和长期目标，你会选择哪一项？

第四，当你种下一棵树，你愿意付出多少时间来打理？

第五，你注意自己的身体健康吗？

第1节

时光流逝，会丢失什么

Logion

多一份洒脱就少一份羁绊，多一份洒脱就多一份简约从容。

我们以为时间是一种用之不竭的资源，昨天和今天没什么大的区别，今天和明天也没有什么不一样，一年四季，春夏秋冬，年复一年，任我挥霍。但当我们个子长高了，慢慢又变矮了，头发由黑变白了，才觉年华已逝，才发现人生有如此多的遗憾。但是过去的时间却再也找不回来了。

两个猎人一同打猎。

天空中飞来一群大雁，二人急忙张弓搭箭，准备把它们射下来。

忽然，一个猎人说：“哎呀，伙计，你看这群大雁好肥呀，打下来煮着吃，味道一定不错。”

另一个猎人听了，把举着弓箭的手放下来，

说：“不，还是烤来吃好，烤雁又香、又酥。”

两个人各持各的理，争吵起来。后来请人来评判，才找到一个解决的办法：把大雁一半煮来吃，一半烤来吃。

争吵停止了，这才重新张弓搭箭，再去射雁。可是那群大雁早已不知去向了。

这两个猎人犯了什么错误？

他们的错误是没有抓住时间，是时间偷走了猎人本可以到手的大雁。谁能抓住时间，谁就能抓住生命中的一切。

成功的智慧就是管好自己的时间，不管是学习时间、工作时间还是休闲时间，每天都要有一个合理的安排，这样你的时间就不会白白流逝。

每个人从生到死的时间都是差不多的，但是在相同的时间里，有些人能够做很多事情，效率很高，而有一些人却只能做极少的事情，没有成就，原因就是他们不懂得珍惜时间，没有养成珍惜时间的好习惯。

时间是平凡的，从早到晚、无声无息、一分一秒地运行着。而时间又是宝贵的，是每个人生命中最宝贵的东西。

谁掌管着我们能自由支配的时间？通常来说，你的时间是根本不自由的。因为你把自己紧紧束缚在议事日程上，盲目地追随着繁杂的事务，不管它对你是不是有益处。

为了避免这种现象，你必须管理好你的生活——也就是管理好你的时间。你要向那些浪费时间的坏习惯说“不”。

一、制订好计划

没有哪一位足球教练不在赛前向队员细致周密地讲解比赛的安排和

战术。计划并非一成不变，随着比赛的进行，教练会根据赛情作某些调整。但重要的是，开始前一定要做好计划。

你最好为你的每一天和每一周制订一个计划，否则你就只能被迫分配你的时间，也就是说，你就会完全由别人的行动决定你办事的先后顺序与轻重次序。这样，你将会发觉你犯了一个严重的错误——每天只是在应付问题。

为你的每一天制订出一个大概的工作计划与时间表，尤其要重视你当天应该完成的两三项主要工作。其中一项应该是使你更接近你的重要目标之一的行动。在星期四或星期五，按照这个方法为下个星期制订同样的计划。

请记住，没有任何东西比事前的计划更能促使你把时间更好地集中运用到有效的活动上来。当你做一项工作时，你花在制订计划上的时间越多，做这项工作所用的时间就会越少。不要让一天繁忙的工作把你的计划打乱。

二、按计划行事

在从事保险工作的20年时间里，我每一年都有一本工作日志，记录得满满的。每个月、每一周、每一天（每一天分三个时间段，即上午、下午、晚上）都有具体的工作、生活、学习、休息安排，抓紧每一天时间，过好每一天，充实每一天。我的工作、学习、陪伴家人和生活琐事，有时会安排在拜访客户的等待期。有一次，一位客户让我整整等了一天，直到晚上九点才有时间与我详尽沟通与交流。而就在这一天，我除了做好专业咨询与相关资料准备之外，我处理了很多平时不舍得拿出专门时间来做，但又必须要做的日常事务，内心无比淡定、从容和感激。我从来没有感觉什么时候时间是被浪费掉的，充满了对时间的掌控感、主动感和珍惜感。

第2节

如何成为长期主义者

什么叫长期主义？这是一个在困境中看着远方的姿势。长期主义有四个特点：第一，不是坚持什么长期不变，而是判断什么东西是确定的、需要坚持的。第二，确立一个目标，然后去做具体的事，而不再回看那个目标。第三，这些具体的事越少越好，甚至集中资源去做一件事。第四，每做一件事都有利于你去做下一件事。每做一件事情就问问自己：我集中资源了吗？这是具体的事吗？我盯住了那个长期不变的目标了吗？我现在做的这件事，有利于我做下一件事吗？这四个问题问完后，我们马上就能知道自己该怎么干，而不是摆出一个姿势，说我是某某主义者，

Logion

生命就像圆的循环，给出去什么，就会得到什么。

这不重要。

虽然做到长期主义很难，但我们还是要努力做一个长期主义者。只有成为长期主义者，才能真正让我们突破瓶颈，获得更多的进步。

那么，我们该怎样去做一个真正的长期主义者呢？

一、重新认识并对待时间

要做一个长期主义者，时间就是关键。因为有了时间就有了空间，即时间带来空间。一个人的生命发展是一个全面的、立体的过程，它不仅有长度、高度，还有宽度、深度……

比如今天我花了一天时间，认真读了一本书，那么我就收获了一些知识，这些知识会伴随我接下来的工作生活，而且这些知识也有可能会给我带来更多的其他收获。那么，我花费这一天的时间读书，就是非常值得的。

再比如，我今天读书，读了十分钟后我却心心念念地想要去玩游戏，并且我也立刻放下书去玩了游戏。在这期间，虽然我花费了十分钟时间读书，我却没有任何收获，原因就是我并没有把这十分钟当回事。

既然我们要做一个长期主义者，我们就应该正确地认识并对待时间。

首先我们要明白，时间是不可逆的，比如昨天我们都过了一天，但是昨天的时间是不可能再回来的。

其次，你做一件事的时间越长，你的收获会相应增加，同时，知识衰减的速度也会减慢。比如 A 和 B 同时学某种乐器，A 学了一个月就不再学了，那么几天后 A 就可能完全忘记这个乐器怎么操作了；而 B 学了一年之后停止，那么B在一个月之后或许还会记得一些指法。

所谓运用时间，就是在管理自己。时间会被怎样对待，完全在于我们如何管理自己。

二、重新认识自己

基于长期主义，我们该如何重新认识自己呢？

首先，我们要知道自己是一个什么样的人。是短期主义者，还是投机主义者？是总是犹豫的人，还是从未尝试过的人？我们在认识自己时，一定要把所谓的“面子”抛在一边，对待自己我们不该有所谓的“面子”，这样才能更清楚地认识自己。

其次，我们要了解自己的情绪和脾气。我们要明白自己的情绪和脾气是属于哪一类的，然后根据自己的真实情况，做出相应的改变。比如作为一个长期主义者，脾气可以有，但不能动不动就发脾气，这会影响自己的很多选择和判断。

最后是习惯问题。经常熬夜和能做到早睡早起的人，肯定有很大差别。从长期主义的角度来说，习惯于早睡早起的人，身体上的受益是最大的，最起码不会经常生病，而且还减少了猝死的可能。要做一个长期主义者，起码要保证自己活着。

三、用工具辅助自己成为长期主义者

工具仅仅是为了辅助自己变得更好，不要神化工具，但也不要忽视工具。想要做一个长期主义者，我们也需要一些工具的帮助，这会减少我们在执行过程中出现的轻易放弃或者其他问题。

读书是人类成长的最好方式之一，而且从长期主义的角度来说，读书带给我们的收获也是无穷的。我们一定要让自己养成读书的好习惯。

四、重在执行力和自我管理

计划好的任务就要按时执行，如果少了执行这一项，我们前面做的所有准备都没有任何意义。想要执行并不难，我们要学会屏蔽一些不必要的东西，比如你总是会被游戏所吸引，那么就让游戏从你的电子设备中消失，卸载是最好的办法。

在自我管理方面，要严格要求自己。比如想早睡早起，就一定要在规定的时间睡觉和起床；执行任务的时候远离一些不必要的杂音；等等。

最主要的自我管理，就是要管理好自己的情绪和心态。因为我们是要做一个长期主义者，那么在短期内我们就很难有大的收获，或许读了一个月的书就只让自己收获了一个知识点，这对我们的心态和情绪是极大的考验。我们只有稳住自己的心态和情绪，才能真正成为长期主义者。

第3节

把时间投入正确而智慧的事情上

《龟兔赛跑》是一则耐人寻味的寓言故事，乌龟胜利的关键，在于它的坚持，在于它的持之以恒。

在日常生活中，我们也要做一个长期主义者，踏踏实实地做事情，不半途而废，这样才会取得成功。

年金保险就非常适合长期主义者。年金保险是预防被保险人因寿命过长而可能丧失收入来源或耗尽积蓄而进行的经济储备。如果一个人的寿命与他的预期寿命相同，那么他参加年金保险既未获益也未损失；如果他的寿命超过了预期寿

Logion

一切所发生的事，目的不是让我们快乐或痛苦，而是让我们成长，成为更有智慧、更有爱心和更有创造力量的人。

命，那么他就会获得额外支付，其资金主要来自没有活到预期寿命的那些被保险人缴付的保险费。所以年金保险有利于长寿者。

年金险能做的就是在投保人退休之后，为投保人提供一份长期的、稳定派发的养老金。但年金险所能做的，又不仅仅是为投保人提供养老金。

年金险的主要功能之一，就是对我们的储蓄进行累积生息。

年金险可以在投保人退休之前的那个相当长的阶段，为投保人进行养老金发放前的累积与储蓄，来获取一个相对可观且稳定的长线投资收益。换句话说，就是绝大多数的年金险，都是在我们工作的时期对我们所缴纳的保费进行一点一点的累积生息，一直积累几十年，到了我们退休的时候，再把这笔数额已经相当可观的养老金按照“年金”的现金流形式进行逐月领取。

年金险的主要功能之二，就是派发稳定的养老金现金流。

有很多投资方式可以让我们在退休前累积一定的财富，而如果我们在退休时想要每个月领取一笔钱，并且剩下的钱仍能够产生比较可观的投资回报，这种形式的储蓄就不是大多数的投资可以做得到的了。有的投资灵活性较好，可以让你随时取钱，但是收益太低；有的投资收益较高，但是灵活性较差，不能按月领取。而年金险则可以同时兼顾流动性与收益性，这种专门为养老设计的现金流规划，也是年金险的一个重要卖点。

年金险的主要功能之三，就是对冲我们的“长寿风险”，俗话称“老不死的风险”。

真的年金险是可以在投保人生存期间保证派发养老金的，即活多久、领多久，因此投保人不用担心因为活得太久而导致自己的积蓄被花光。“对冲长寿风险”这个功能，也是年金险作为一款保险产品区别于其他任何同类型投资的一个重要特点，因为年金险是有风险转移功能的，而不仅仅是一种投资。

年金险的主要功能之四，就是“强制储蓄”。

现在有很多年轻朋友都是“月光族”，管不住自己“买买买”“吃吃吃”，而如果一直这样下去不储蓄的话，退休之后所能领到的养老金一定会捉襟见肘。投保一份年金险，每年督促我们省下一定的钱来交保费，作养老储蓄，其实对于很多朋友而言是有非常重要的实际意义的。一旦我们有一个“强制储蓄”的概念，就会发现其实生活中有很多东西都是“可买可不买”的，还不如把这些钱节省下来，让我们的年老生活可以“更有尊严”。

第4节

让我们与自己生命中最重要的事情保持连接

Logion

使人成熟的不是岁月，而是经历之后的看透、看淡、明白和开悟。

复利的魔力并非只体现于金钱之中，还有另外一些投资也会随着时间的推移而增长——那就是对你的技能、健康和人际关系的投资。以在学习新技能上的投资为例。如果你现在 55 岁，预计自己会干到 65 岁就退休，那么在学习新技能上投资，其回报看起来可能就没那么值得。但现在假设你还是 55 岁，预计自己会干到 75 岁才退休，突然发现，在学习新技能上的投资就变得有意义了，因为有累积效应——你有更长时间从投资中得到回报。在医疗和健身方面的投资同样如此。如果你现在60岁，而且指望自己能活到100岁，那么比起只能活到70岁的情形，你在医疗和健身上的投资会带来更多“复利”，也会带来更多“红利”。

当我们把时间投入正确的事情上，即与我们的价值观和目标相一致的、可以帮助我们成功的事情上时，就会产生时间的复利效应。

通过对时间的再投资，我们可以拿回属于自己的最宝贵的财富——时间，让我们与自己生命中最重要的事情建立连接，并拥有幸福感、成就感和终身成长的能力。

一、时间复利效应可以带来幸福感

朋友的女儿喜添千金，全家人沉浸在喜悦之中。一个月以前她跟我说，不能跟我常见面聊天了，她把每天起早贪黑节省出来的时间，都放在了照顾外孙女的身上，忙得她无暇顾及其他。

我一问才知道她忙的原因了。她不给小宝贝穿纸尿裤，宝贝一会儿拉一会儿尿，她当然得时刻洗尿布，还要搞好家里的卫生和家人的一日三餐，忙那是自然的了。

后来她听了我的建议，给孩子穿上纸尿裤，不用传统尿布以后，她不仅省力，还有了充足的时间照顾女儿和小宝贝了，避免了原来低效率的忙碌。

她休息好了，精力充沛了，照顾家人的效率也提高了；压力少了，快乐多了，重要的是，全家人的幸福指数提升了。

时间的复利效应就是，我们把省出来的时间进行再利用，可以让自己的工作更高效。

二、时间复利效应可以带来成就感

对于绝大多数人来说，复利只不过是数学课本里的一个概念而已，但时间久了，学习多了，知识多了，经验多了，复利效应就会产生了。

李笑来当了 7 年的新东方英语老师，他每天坚持雷打不动地看 2 个小时书。2016 年他在“得到”上线了一个专栏，分享自己学到的知识。这个专栏最后卖了 105866 份，营收 2000 多万元，用时不到 5 个月。

Spenser 靠写作年入千万元，他之所以在 4 年的时间里取得这样的成就，是由于时间的复利效应。当别人在看电影、看综艺、刷抖音的时候，他却坐在电脑前不停地码字。他知道消费时间本身不会带来高级的快乐，但通过时间创造价值却可以。

每一位成功人士的成就，都源自时间复利的加持。因此，成就的习得与时间积累有着必然联系。

三、时间复利效应可以带来成长

大卫 · 戈金斯说：“总有一天你可以起飞，但还不是今天。”

“得到”App 联合创始人兼 CEO 脱不花连高中毕业证都没有拿到。她 17 岁辍学，从办公室小妹到逻辑思维 CEO 的野蛮生长经历，真正体现了时间复利效应带来的价值。

1997 年的时候，她没有参加高考，而是选择了就业、创业。她觉得学习是一辈子的事，任何时候都能学。今天，她用 20 多年的时间积累，用自己的经历告诉我们：在时间上做投资，是一个稳赚不赔的“生意”。她把大量的时间投资于学习，让自己成为终身学习者并实现华丽转身，时间复利效应是助推器。

第5节

穿越时空，创建未来

Logion

人生，只有回不去的过往，没有到不了的明天。

2011 年的元旦，还没有微信、今日头条、抖音、快手、小红书、拼多多、共享单车、钉钉、腾讯会议、喜马拉雅，没有这些我们今天早已离不开的高频应用。我们绝大部分人习惯于高估未来一年自己能做到的事，却远远低估了未来 10 年能做到的事！

未来 10 年，变化将远超过去 10 年，惊喜会是未来的常态。

MDRT 理念告诉我们，要以长远的眼光看待人生，今天要看到明天，现在要看到未来，买保险就是买未来。所以客户对你有没有信心，就是对你的未来有没有信心，对他的保障和未来有没有信心，愿不愿意从今天起就把承诺交给你。只有站得高，你才能看得远，困惑、迷茫、障碍在你眼里才会变得微不足道，未来甚至一马平川。在别人还认为有很多困难的时候，你已经感觉到可以穿越困难，直接达到目标。很多人问我："你怎么就没有困惑呢？怎么就没有阻碍呢？"我问他们："你的困惑是什么？"他说："我的困惑是拜访客户很累啊，我不想拜访客户。"作为一名保险代理人，不愿意拜访客户，这已经不只是困惑的问题了。打个比方，一个学生说他不爱学习，一个成年人说他不想工作，这和保险代理人不想拜访客户是同样性质的。一个学生不爱读书，这是好学生吗？他今后会有好的前途吗？一个成年人整天唠叨不想工作，想退休，这是有责任心的表现吗？作为一名保险代理人，直到今天，我仍坚持每日五访，从来没有间断过。如果因为旅行、写作或者会议耽搁了，我会加班加点，在周末的时间增加自己的拜访量，因为这是你的必修课。所以这不是迷茫与困惑的问题，而是你的惰性导致你的目标不清晰的问题。

作家乔治·巴纳说："远见是在心中浮现的，将来的事物可能或者应该是什么样子的图画。"

沃尔特·迪斯尼是一个有远见的人。他想象出一个这样的地方：那里想象力比一切都重要，孩子们欢天喜地，全家人可以一起在新世界探险，小说中的人和故事在生活中出现，触摸得到。他的想象后来变为现实，首先是美国加州的迪士尼乐园，后来又扩展到美国的其他地方，还有一个在日本、一个在法国……

没有远见的人只看得到眼前摸得着的东西，而有远见的人心中装着整个世界。"远见"与一个人的职业无关，他可以是货车司机、银行家、大学校长、职员、农民……

世界上最穷的人并非身无分文者，而是没有远见的人。

每当抬头仰望大树，在羡慕和感叹大树伟岸、沉稳、茂密的时候，我们是否曾经留意过大树那沧桑的树干？我们是否想到深埋地下的同样茂密的根系？我们是否理解大树那藏于心中的年轮故事？

一、时间

大树说：绝对没有一棵树苗种下去马上就能变成大树，一定是岁月刻画着年轮，一圈圈往外长！人要想成功，一定要给自己足够的时间！

二、坚定

大树说：绝对没有一棵树，第一年种在这里，第二年种在那里，而可以成为一棵大树，一定是千百年来，经风霜、历风雨，屹立不动！

如果只有阳光雨露，没有狂风霜雪，如何懂得大自然所有的恩赐？阳光雨露给予大树生长的光照、营养和环境；而经历的每一次的狂风霜雪都会使大树更加坚定，无所畏惧。大树不会因为每次经历坏天气就想去找避风的庭院，大树知道只要走过这一遭就会再一次获得成长！

恰恰是经得起狂风霜雪考验的树木才会成为大树！要想成功，一定要“经风霜、历雨露而不悔”！

三、根基

大树说：我有千百万条根，粗根、细根、微根，深入地底，忙碌而不停地吸收营养，成长自己。绝对没有一棵大树没有根，也绝对没有一棵大树的根不深入地底！

根基是大树汲取营养的源泉，没有根就不会有大树。如果根基不牢，大树就会被风吹动，甚至连根拔起。为了寻找更多的营养，大树努力把根深入地底。只有不断地从大地母亲的怀抱中吸收养分，使自己的根基壮大、牢固，才能经得起岁月和时间的考验，才能成长！

要想成功，一定要不断学习、不断充实自己！

四、积极向上

大树说：绝对没有一棵大树只长胖不长高，一定是先长主干再长细枝，互有空间，绝不打结。越向上长，空间越大，越能成为一棵大树！人，不能偏离人生的主轨道，要永远积极向上。

五、阳光

大树说：绝对没有一棵大树长向坑洞，长向黑暗。积极地向光生长，就是为了争取更多的阳光！人的坎坷一生中需要更多的“光”，没有被“光”普照的人是无法长大的。

第6节

做一个坚持理想的执着追求者

Logion

再长的路，一步步也能走完；再短的路，不迈开双脚也无法到达。

生活中有很多有目标、有理想的人，他们工作，他们奋斗，他们用心去想，他们祈祷……但是由于过程太艰难，他们越来越倦怠、泄气，终于半途而废。到最后他们会懊恼地发现，如果能再坚持久一点，如果能再向前张望一下，结果也许会截然不同。许多成功者，他们与失败者的区别往往不在于更多的努力，或者更聪明的大脑，而只在于他们多坚持了一刻——可能是一时，也可能是一年……

在悬崖峭壁登山的人，周围没有鲜花，没有观众，只有艰辛的路程。而我们每个人都是攀登者，要攀上那布满荆棘、看似遥不可及的悬崖之巅，凭的就是坚持、再坚持。

困难像弹簧，你强它就弱，你弱它就强。你很弱的时候，把困难越看越大；你很强的时候，会觉得困难不算什么，很容易就越过去了。所以人应当高瞻远瞩，保持高远的境界和眼光，以此来克服自身的惰性和弱点。在日常生活中，我们之所以患得患失，之所以迷茫、迷惑、迟疑，都是境界的问题、信念的问题。所以我们要让自己尽可能站得高、看得远，不要被眼前暂时的困难所阻碍，坚定自己的信念，坚持自己的初衷，因为信念和坚持绝对可以创造奇迹。

对于职业，我们更要坚持。职业不仅仅是一份工作，更是对人生的一种投资。但凡有成就者在作职业选择时都会思索：这份工作能够给我带来什么？我喜欢，或者说至少不讨厌吗？能够发挥自己的所长、挖掘自己的无限潜能吗？能够帮助我进入更高的人生层次吗？

如果一份工作能够带给我们如下坚持的理由，那么就请千万不要轻言放弃：

第一，带给你足够的经验和教训，指引你进入一个行业，那么恭喜你，这份工作已经满足了第一个条件。这是获得成功的重要一步。

第二，你比较喜欢或者不讨厌，那就满足了第二个条件。因为一个人的耐心是有限的，假如你持续半生从事自己不喜欢的职业，难以实现忘我的投入，也不会提升专业水准，内心的疲惫足以让你成为混日子的人。因喜欢或者不讨厌获得的成功体验、幸福感，以及主动卖力收获的知识和经验，将使我们成为极其专业的人。

第三，发挥所长，开发潜能，实现增值。在自己所擅长的领域辛勤劳作会让你获得巨大的成就感，并能激励你不断思索、愈挫愈勇，达成目标之后还能拥有意料之外的收获。

第四，进入更高的人生层次。马斯洛的需求层次理论告诉我们，人有生理需求、安全需求、社交需求、尊重需求和自我实现五类需求，其中自我实现的需求是最高层次的需求，也是终极需求。如果进入了自我实现的需求层次，个人的理想、抱负以及能力的发挥已达最大程度，越来越成为自己所期望的人，并成为人生命运的掌控者。

进入保险业20年，我很清楚地告诉自己，我的保险生涯满足了以上所有条件，这也成为我坚持不懈、奋发图强的理由。

从另一个角度来讲，坚持就是财富。

我做保险20年时，才刚刚有一点感觉；做到30年时，才有了享受感；做到40年时，才真正会有成就感。我的生命对于保险事业来说，还是很短暂的，所以我希望我的女儿能够继承这份事业，只有传承，财富才会倍增，保险的光芒也才能无限放大。所以我们一定要有愿景、有目标，同时更要坚持。记得参加MDRT的第一年，我问同行的前辈：什么时候才能成为终身会员？前辈告诉我说需要10年。10年的MDRT会员资格就能换来终身会员的荣耀，这难道还不划算吗？10年的坚持又算得了什么呢？只要热爱这个行业并全身心投入，那将是一辈子的坚持！

现在的年轻人，尤其是刚刚加入保险行业的年轻人，对工资斤斤计较，总是频繁跳槽、轻言放弃。可能他们觉得自己年轻，跳槽可以增加加薪的筹码，但他们忽略的是，频繁跳槽会让你在这个行业不专、不精，失去了在这个行业的话语权，也失去了积累知识、经验、人脉、市场的黄金时期。人的一生其实很短暂，黄金十年一过，你就会看到自己是在泥泞中还是在阳光大道上。因此，在你入行的第一个十年，如果不好好把握，如果仅仅成为工资或者工作的奴隶，如果不是坚持的胜利者，那么命运的走向就会偏离你预想的轨道，因为成功只偏爱那些执着的追求者！

第8章

风险防控——未雨绸缪是关键

日本如今已经是全球长寿国，而日本女人比日本男人的平均寿命更长。《一个人的老后》由日本作家上野千鹤子所著，在亚马逊全亚洲图书排行榜连续45次销量第一，具有深远的影响力。该书早在10年前就在我国出版发行，我也推荐给很多人阅读，共同谈论“有关老龄化社会的趋势与风险的防范”问题；《当世界又老又穷：全球老龄化冲击》是美国泰德·菲什曼的著作，警示人们，要做好老龄化带来的各种人生风险的管理与防范。

第1节

我们的世界是脆弱的

脆弱的反面是什么？是坚强吗？

不！脆弱的反面是“反脆弱”！

乒乓球扔到地上非但不会摔坏，反而可以弹得更高。

乒乓球拥有的就是反脆弱特性。反脆弱和脆弱刚好相反，指向了另一个方向，指出事物在风险和不确定性面前并不是束手无策的，完全可以反败为胜。这也就是反脆弱能力的精髓：在不确定性中获益。在不确定的事件发生的时候要变得更好，这就是反脆弱。

反脆弱性超越了复原力或强韧性。复原力能让事物抵抗冲击，保持原状；反脆弱性则让事物

Logion

生活恰似一个炼心场，要看得破、看得开、看得远、看得阔。

变得更好。它具有所有与时俱进事物的特质：进化、文化、观念、革命、政治制度、技术创新、文化和经济的成功、企业的生存、美食食谱（比如鸡汤中加入一滴干邑葡萄酒的鞑靼牛排），还有城市、文化、法律制度的兴起、赤道雨林的生长和细菌耐药性的提升等。反脆弱性决定了有生命的有机体或复杂体（如人体）与无生命的机械体（如办公桌上的订书机）之间的区别。

反脆弱性偏好随机性和不确定性，这意味着——这一点非常关键——它也偏好错误，准确地说是某一类错误。反脆弱性有一个奇特的属性，它能帮助我们应对未知的事情，解决我们不了解的问题，而且非常有效。说得更直白一些：由于有了反脆弱性，我们做得会比我们想象的更好。

我们周围存在一些偏好压力和波动性的事物，如经济系统、你的身体、你的营养（糖尿病和阿尔茨海默病似乎在很大程度上源于饮食缺乏随机性，即缺乏偶尔挨饿带来的压力）、你的心灵，甚至还有极具反脆弱性的金融合约——它们本质上就是要从市场的波动中获益。

反脆弱性使我们更好地理解了脆弱性。正如不减少疾病我们就无法改善健康，不减少损失我们就无法增加财富，反脆弱性和脆弱性是同一波谱上的不同波段。

人生有三大风险：意外、疾病、养老。这三大风险谁也逃脱不掉，意外更是谁也意料不到的，在我们身边，风险无处不在，所以我们每个人都应有风险意识。

其实，买意外险就是为了在自己遭受意外事故受伤而必须支付大笔医疗费用时，给自己一份保障；也是为了万一自己遭受意外事故而失去照顾家人的能力时，可以为他（她）们提供一份保障。因此，买意外险就是为自己、为家人！

生活中谁也不愿考虑事故、年老、疾病或者死亡的问题，然而人生在世难免会有风险。人不能永远交好运，即使幸运一时，也不能保证幸运一世。既然我们不知风险何时降临，那么除了担心，更应该为自己做好准备，拥有充分保障。因为一次意外就可能使你负债累累，一次事故就可能拖垮全家。因此，给自己的人生加一道保险十分必要，它会使你在最需要帮助的时候不必靠运气，不会有遗憾。

在买保险的时候觉得多余，意外发生时才后悔买得太迟、买得太少。与其将来后悔，不如现在立即行动，为幸福人生加一道保险。

有人说，保险是幸福人生的保障，有了人身的保障才能进行其他投资。确实如此，家庭风险的防范是理财的基础，在这个意义上，保险无疑是家庭的必需品。保险可以将投保人的风险转给保险公司，并给自己的家人带来安心、快乐和慰藉，是一种能让家庭未来生活更有保障的投资工具。

虽然许多人能接受保险的观念，但往往因担心保费的问题而延误了投保的时机。聪明的人会开源节流，为家庭经济打算，而投保是保障生计的最佳方法。

我们在投保意外险时，要特别注意意外险的除外责任，弄清楚自己花的钱到底应获得哪些保障。除外责任又称责任免除，即明确保险人不予承担的责任，例如，因被保险人的故意行为所致的保险标的的损失，就属责任除外。责任风险通常有道德风险与损失巨大并且无法计算的风险项目。

第2节

防止老有所依成为幻想

Logion

每天醒来，做个“向日葵”，面朝阳光，努力向上，相信日子会变得单纯而美好。

“当你老了，头发白了，睡意昏沉；当你老了，走不动了，炉火旁打盹，回忆青春；多少人曾爱你青春欢畅的时辰……”

莫文蔚演唱的歌曲《当你老了》，听着听着会让疲于生活的我们很快便放松下来。平和治愈的旋律、娓娓道来的歌词，细水长流地诉说着故事。仿佛当我们老了真的可以和相爱的人执手偕老，数着彼此脸上的皱纹追忆过往，朝看日出，暮视黄昏。

理想总是那样美好，美好得差点忘记了现实。

据统计，中国人口的老龄化程度越来越严

重。自20世纪80年代初国家实行计划生育以来，生育率大大降低，而随着生活和医疗水平的不断提高，老年人的寿命普遍延长，两方面综合在一起，加剧了我国的老龄化现象。

如何养老，如何实现老有所依，成了我们必须面对的现实问题。

随着社会经济发展，人们的养育成本不断提高，且随着人们受教育程度的提高，养儿防老的生育观念逐渐转变，造成生育意愿降低或婚育年龄推迟。当越来越多的人没有生育，没有孩子作为未来的保障，我们能做的就是自己规划好未来，实现老有所依。

我在工作中经常会遇到这种情况，就是谈到保险的话题时，不少人会陷入两个误区——第一个误区就是过分美化保险功能，尤其是它的投资理财和收益功能；第二个误区就是觉得我要投资几十年，不放心，觉得还不如存到银行方便。

客观地说，保险绝对不是投资收益很高的产品，但是它的优势在于比较科学，而且执行力很强。所谓执行力强，就是说保险公司会定时提醒你投资，比如我选定了10年期限，保险公司就会强制性邀请你来储蓄，帮你去完成理财规划。

也许你会觉得，保险的收益很有限，比如我投20万元，30年后收益60万元，但那个时候60万元说不定已经贬值得很厉害，还比不上现在的20万元。这个问题的确可能存在，但换个角度来看，现在给你20万元，你如何在30年内把它变成60万元呢?

很多人很早就开始理财，结果几年过去了，好像也没有理出什么头绪。比如存款，拿到的利息能有多少？去炒股，真正赚钱的又有几个人？……完美理想和执行之间是有差别的。

做生意、投资股票都要冒很大风险，其他理财产品的收益可能还要少得多。所以要求安全稳健的话，保险还是比较合适的投资工具。

我常常也会同自己的客户说，投资理财一定要明白一个道理——保险这种产品加上红利，一年基本上还能保证5%的利息，大概相当于现在5年期的存款利率。虽然不高，但是可及，执行力比较强。而且长时间累积下来，比如6年就是30%。再加上复利，也是比较高的收益了。所以保险是相对来说比较能够保值的一种方式。

保险除了带来一定收益，更重要的是它有保障的功能，可以建立未来安全度，提高眼前舒适度。很多人理财初期成功了，拥有了很多财富，但是一场大变故后，可能就会变得一无所有。

我们的一生充满了不确定因素，时刻会遇到风险，保险是我们维持家庭生活质量的重要理财工具。

很多人之所以没有买保险，是觉得保险没有意义。近代国学大师胡适先生曾这样诠释保险："保险的意义，只是今天作明天的准备，生时作死时的准备，父母作儿女的准备，儿女幼小时作儿女长大时的准备，如此而已。今天预备明天，这是真稳健；生时预备死时，这是真旷达；父母预备儿女，这是真慈爱。能做到这三步的人，才能算是现代的人。"保险意味着准备、责任和承诺。

每个人都梦想拥有很多的财富，然而物质总会消失，精神才能永恒。只有当您做好了充足的准备、履行了责任、实践了诺言，您才能真正拥有财富，这些财富才是完全、永久且无可限量的。

保险不是一种普通的投资，而是一种风险转移的方式，即由保险公司承担一部分风险，所需代价就是支付保险费。如何选择应对方式，可以因人而异。

一个有智慧人可以看到未来三五年，但未必能看到未来三五十年。

生命是无价的，财富的核心还是生命价值。

对于富有的家庭来说，祖孙三代是不能坐同一架飞机的。为什么呢？因为大量财产的所有人和受益人同在一架飞机上，这就是风险管理的极大漏洞。有两票投票权的董事不能在同一架飞机上，因为两票权失去就可能导致整个企业结构的变化。这就是风险管理的重要性。

很多人认为富人是不会买保险的，因为他们的钱花不完。这种思想是错误的。一位买了保险的富人说："我考虑更多的是风险投资，一旦发生风险，家人、事业怎么安排？还包括一些未了的事情，我必须有一大笔钱作安排。不出意外一定可以赚钱，这是一种自信；但是一旦出了人身风险，必须把风险变成收益。所以我实际上把买保险当成一种被动的风险投资，用风险来赚钱。"

保险可以规避未来不可预测的风险。当你一旦有债务而被追偿的时候，所赚的钱将被拿走，并不能起到为家庭保全财产的作用。而如果你用这些钱去买保险，即使你的房产、汽车都被追偿，这张保单却是可以保留下来的。因为法律规定，保险单是以人的生命、器官和寿命为代价换来的将来收益的期权，不作为追偿对象。

保险是理财，不是投资，真正的理财是如何安排赚到的钱，而投资则是解决如何赚钱的问题。普通人买保险是为了把风险转嫁给保险公司，因为他们不能承受风险带来的财富损失；而富人虽然可以用自己的钱来承担风险带来的损失，但保险却可以把他辛苦赚到的钱、打拼下的江山安全地保留下来。

谁敢保证现在很富有未来就一定富有？现在虽然很富有，但财富只是一时数字的积累，而保险却能通过法律的形式把财富转移到将来。企业要考虑未来的资金周转，人生也一样。很多风险带来的最直接损失就是财富的损失，也只有这个风险是可以被补偿的。所以保险是很好的理财工具。

保险是资产保全工具。什么叫资产保全工具？如黄金、房地产等。黄金十年后能增值多少，谁也不敢说，但有黄金在手，心里就会比较踏实。有房子也会让人心里踏实，尽管现在它还不是一笔钱，但那是一项资产。保险也一样，也是一种资产保全的工具。有了这些东西，面对未来的不可预测，就不会感到惶恐不安，心里就会踏实一些。

风险转移需要技巧。如果双亲已经退休，已不是家中经济支柱，子女有必要为他们投保吗？如果你替双亲购买了人身保险，投保人是你，受保人是你的双亲，受益人是你的话，其实是得不偿失的。因为他们既然已经不是家中经济支柱，加上年纪大、保险费昂贵，你付这笔保险费是没有必要的。最好的选择就是给父母买医疗保险，这样一来，在他们有重大疾病时就可以由保险公司来承担一定的费用。

如果你收入的大部分用于供房贷，因此害怕失业，可以投保确保自己失业时能继续供楼吗？保险市场上有这种保险，但保险费很高，所以并不流行。对于一般人来说，接受这种“失业保险”的可能性不大。因此，供楼应该考虑得更周到一些。

如此看来，买保险是必须的，保险理财是必须学习的。

第3节

重大疾病是人生的大概率事件

没有人知道明天和意外哪个会先到来，“重疾”始终是无法回避的话题。

巨额的治疗费用、较长的治疗周期、渺茫的治愈希望……对于普通家庭而言，将是经济与精神的双重重压。

重大疾病保险，简而言之，就是以重大疾病为给付保险金条件的保险，即只要被保险人罹患保险条款中所列的某种疾病，无论是否发生医疗费用或发生多少费用，都可获得保险公司的定额补偿。

重大疾病保险于 1983 年在南非问世，由外

Logion

生活中的每一天你都有可能与逆境不期而遇，好与不好混合登场。

科医生马里优斯·巴纳德最先提出。他的哥哥克里斯汀·巴纳德是世界上首位成功实施了心脏移植手术的医生。马里优斯医生发现，在实施了心脏移植手术后，部分患者及其家庭的财务状况会陷入困境，无法维持后续康复治疗。为了缓解被保险人患上重大疾病或实施重大手术后所承受的经济压力，他与南非一家保险公司合作开发了重大疾病保险。

1986 年后，重大疾病保险被陆续引入英国、加拿大、澳大利亚、东南亚等国家和地区，并得到了迅速发展。

1995 年，我国内地市场引入了重大疾病保险，现已发展成为人身保险市场上重要的保障型产品。在发展过程中，重大疾病保险的保障范围逐渐扩大，保障功能日趋完善，该类产品的设计理念一直延续至今。

《重疾不重》一书的作者丁云生，就是受到南非巴纳德博士的影响，从一名心脏外科医生转行投身保险行业，曾创造了“一百天一百张重疾险”的纪录，被誉为“重疾之父”。书中，他从现有的医疗体制、医患关系、医务人员的待遇提升，讲到心脏搭桥手术的原理、癌症病理、器官移植的困难之处，再讲到每个人都有发生重大疾病的可能。在这样的医疗体制和大环境下，重大疾病保险起到了补充治疗费、进口药自费费用、后期康复费及五年生存期的收入损失补偿的重大作用。重大疾病的给付模式是一经确诊立刻给付保险金，改变了传统的先治病后报销、医疗费需要先行垫付的模式。

重大疾病保险人人都需要。男人需要主要是因为其在五年治疗期间创造的价值大幅下降，收入极大减少，家庭会受影响。女人需要主要是因为不想成为家人的负担。孩子需要是因为想让孩子拥有最好的医疗、得到最好的照顾。

重大疾病保险所保障的重大疾病通常具有以下三个基本特征：一是

病情严重，会在较长一段时间内严重影响到患者及其家庭的正常工作与生活；二是治疗花费巨大，此类疾病需要进行较为复杂的药物或手术治疗，需要支付昂贵的医疗费用；三是不易治愈，会持续较长一段时间，甚至是永久性的。重大疾病保险给付的保险金主要有两方面的用途：一是为被保险人支付因疾病、疾病状态或手术治疗所花费的高额医疗费用；二是为被保险人患病后提供经济保障，尽可能避免被保险人的家庭在经济上陷入困境。

如果说我们每十个人当中有九个人是因为重大疾病而身故的，那么未来在重大疾病面前，我们是否有一笔钱可以专款专用呢？

有人可能会认为，如果高龄罹患重疾，所赔保险金中的大多数都是自己过去积累的，感觉似乎不划算。

事实上，保险保障是一个过程，而非一个片段。

在同一个条款下人人平等，重大疾病保险前期的保障功能使得保险公司承担了巨大的风险机会，这是毋庸置疑的。因为重大疾病风险是不可预知的，谁也不能断言自己何时会得病。

有的人会说，我有了社保而且单位福利很好，所以没有必要买重大疾病保险了。情况果真如此吗？

（1）社保只报销因疾病引起的医疗费用，因意外伤害导致的医疗费用不能报销；社保不对非工作期间发生的意外伤害和意外医疗责任进行赔付；无论意外身故还是疾病身故，社保都是没有身故赔偿的，身故后只返还当时个人账户的金额，而这部分的金额是很少的。

（2）单位报销首先是一个先支出再补偿的概念，这就意味着即使属于赔付范围，你也必须先进行支出，才能在这个基础之上报销，而且我们报销的数额不会大于支出总额。另外，不在公费医疗药品清单目录上的进口药和营养药是不能报销的。

（3）社会医疗统筹基金对参保人员的保障是“保而不包”的，社保有起付线限制，额度内的费用需要自付，住院费用和大病医疗的自付比例和金额相对都比较高。

（4）社保重在保障，支付的标准是以保障被保险人基本生活为前提的。对于追求高品质的人群来说远远不够。

因此，对于没有医保的人来说，重大疾病保险尤其重要。而对于医保覆盖对象来说，重大疾病保险可作为一种必要补充。

第4节

避免“灰犀牛”事件发生在自己身上

Logion

生活给我们的每一个坎，都有其用意。也许这一刻我们看不清前路，但只要有所期待、有所热爱，保持前进的勇气和力量，心中的愿望终有一天会实现。

“灰犀牛”这个巧妙的比喻源于经济学家米歇尔·渥克的著作《灰犀牛：如何应对大概率危机》（2009）一书。米歇尔·渥克认为类似以“黑天鹅”比喻小概率而又影响巨大的事件，“灰犀牛”可以比喻大概率的，大家应该识别，但因为我们的轻视而没有及时识别出来，导致极强破坏性的事件。

灰犀牛是非洲草原上的一种大型动物，身体庞大，给人一种行动迟缓、安全无害的错觉，使人们常常忽略了它的危险性。事实上，当灰犀牛被触怒发起攻击时，会表现出惊人的爆发力，阻止它的概率几乎为零，从而引发破坏性极强的灾难。概率大、破坏力强是“灰犀牛”事件的最重要特征。“灰犀牛”事件因此成为大概率危机事件的代名词。

有病不及时医治，非要等到进了急救室才接受治疗，那么其费用就会高得惊人。“等到最后一刻不得已而为之”，这是解决危机的最糟糕办法。拖延和等待是要付出代价的，而且是最高昂的代价。

防范应对“灰犀牛”事件的基本策略：

（1）承认危机的存在。一定要时刻注意防范群体性思维，并且要坚决抵制它的影响。当你的组织机构作重大决策的时候，一定要保证持有不同观点和意见的人能够参与进来，并以欢迎和接受的态度对待他们的观点和意见。

（2）定义“灰犀牛”事件的性质。找到一个情感共鸣点，让危险事件更加生动鲜明，就能吸引人们的注意。

（3）不要静立不动。如果你没有能力做出重大变革，那么就想想还有哪些可行的小一点的举措；即使你不得不拖延行动时间，也要很有策略地拖延。

（4）不要浪费危机。如果不幸被灾难袭击，要立刻振作起来，看看未来危机还会从哪个方向发动攻击。灾难也可能会创造意想不到的机遇。

（5）站在顺风处。最好的领导者会在危险尚未靠近时就采取行动。站在顺风处要采取两个策略：第一，眼睛要盯着远方，这样才能准确预测；第二，解决好妨碍我们正确决策和及时行动的相关阻挠和障碍，比如保守观念、群体性思维等。

（6）成为发现和控制灰犀牛式危机的人。要躲避危险，首先要做的事情是发现危险。一个人如果发现了明显的危险，而这个危险是被其他人忽略的，这时你要挺身而出，提醒大家注意。同时，既能发现危机又有能力解决危机的人至关重要。

第5节

长寿的风险防范：居安思危、未雨绸缪

随着人均寿命越来越长，特别是在年龄到达一定阶段以后，人的患病概率呈指数级增长。可见，长寿风险是存在的。长寿风险是指退休者的实际寿命大大超过其生命预期长度所产生的风险。随着社会经济的发展和科学技术的进步，人类寿命不断延长。无论对于个人还是国家而言，寿命更长久的确可喜可贺。但是，生存的年龄超过预期年龄将使那些未能预见到寿命延长趋势的个人、保险公司和政府养老保障机构面临养老成本增加、养老资金入不敷出的风险。

一般而言，长寿风险可以从个体和整体两个

Logion

最美的自己不是生如夏花，而是在时间的长河里，波澜不惊。

层面来界定。个体长寿风险是指个人在其生存年限内的支出超过了自身所积累的财富。此类风险可通过参加相关养老保险计划进行管理。整体人群的长寿风险亦称聚合长寿风险，即一个群体的平均生存年限超过了预期的年限。聚合长寿风险是无法根据大数法则进行分散的系统风险。

早在 1693 年，哈雷彗星的发现者埃德蒙·哈雷就根据德国一城镇的人口数据，测算了不同年龄居民的生命预期，并在此基础上绘制出了可以反映年龄与生命预期关系的生命预测表。法国数学家德·牧瓦尔夫在哈雷生命预测表的基础上，创立了养老金精算学。19 世纪初，人寿保险公司在保险收益人死亡记录的基础上建立起了数据库，人寿保险公司从此告别了主要凭直觉和常识判断投保人生命预期的历史，开始致力于预测死亡率以及个人和被保险人口群体的生存期。

20 世纪，人们主要通过以下方式控制长寿风险：①政府出面建立养老金国家安全网；②从再保险公司寻求再保险；③创建能够更加准确地预测死亡率发展趋势的模型，如 Lee-carter 模型等；④利用保险产品和证券产品组合，如高龄延期年金、团体自助化年金、逆按揭和长期债券等，对冲长寿风险。

对于风险，我们要做到未雨绸缪、居安思危。未雨绸缪是一个含义深刻、包罗万象的成语，它可以很大，也可以很小，大到事关未来和命运，小到如同窗外的毛毛细雨。

细细琢磨“未雨绸缪”这个成语，其意思无非是指在事情未发生之前就要做好充分准备，才能避免一些意外的发生，才能应对各种各样的变故。

从小处来说，如果我们看见阴天有下雨的迹象，出门时就应该带上伞，否则很可能会被淋成落汤鸡。

从大处来讲，在我们的一生中，处处充满着挑战、未知和不可预测，随时都可能遭遇各种各样的变故，只有做到未雨绸缪，才会在未来的日子里从容地面对任何突如其来的变故。

而人生中的各种机会，也总会留给未雨绸缪的人。

其实，“未雨绸缪”这个词，可以用在生活中的每一件事情上，不论我们站在什么角度、做什么，事先都要有所准备，明确理想和目标，才能规划好未来，才能对可能遇到的各种波折做好最扎实的准备。

“未雨绸缪早当先，居安思危谋长远”，人无远虑，必有近忧，所以我们必须学会未雨绸缪。

比如，当我们还年轻的时候，就要为将来的婚姻、事业做好准备；等有了家庭，我们要考虑到孩子的未来和父母的赡养问题；在身体还健康的时候，我们要做好保健和保险规划；在工作还算安稳的时候，我们要提前做好失业的准备；在有钱的时候，我们要计划着储蓄，以备不时之需；等等。

总之，只有未雨绸缪，做事才能游刃有余。

这个世界是千变万化的，下一分钟、下一个小时，抑或明天会发生什么意料之外的事情，没人会知道。

人生之路是不可能一帆风顺的，很多事情就像窗外的天气，看似晴朗，却随时都可能有风、有雨、有雷。

做到未雨绸缪、时刻做好准备、随时应对突变，才是智慧，才能成为赢者。

智者未雨绸缪，愚者亡羊补牢。未雨绸缪，犹言不早，亡羊补牢，为时晚矣！

因此，我们始终要从小处着眼，从细处着手，把目光放远一些。

未雨绸缪，才能为自己创造更多的机会，为未来铺就一条阳光大道。

第6节

什么时候立志都不晚

Logion

人生难免有许多期望，但要节制欲望。千万不要奢望，对未来一定要有展望。永远不要失望，更不要绝望。要永抱愿望，才能充满希望。

戴高乐曾说过：“眼睛所看着的地方就是你会到达的地方。伟人之所以伟大，是因为他们决心要做出伟大的事。”我们要使自己的人生更精彩，首先应该给自己一个明确的目标，它要有足够的难度，同时又有足够的吸引力。如果我们全力以赴，就可能获得成功。

立志是成功的一半，立志能使人进步。志向基本上决定了一个人将来要成为怎样的人。志向越高，才能才提升得更快，生活也才更有质量，生命才更饱满。做事情站得高才看得远，“会当凌绝顶，一览众山小”的那种姿态是很优雅的。

曾经有两名瓦工，在炎炎烈日下辛苦地建一

堵墙，一位路人走过时问他们在干什么。

“我们在砌砖。”一个人答道。

“我们在修建一座美丽的剧院。”他的同伴回答。

后来，将自己的工作视为砌砖的瓦工砌了一生的砖，而他的同伴则成了一位颇具实力的建筑师，修建了许多美丽的剧院。

为什么同是瓦工，他们的成就却有着如此巨大的差别？其实，我们从他们两人不同的回答中，已经可以看到他们不同的人生态度——前者仅仅把工作当成工作而已，后者则把工作当作一种创造；前者只知道把一块块砖砌上去，别的一概不知不问，后者不仅是在砌墙，他的目的很明确，要修建一座美丽的剧院。

两个人做同样的工作，一个有目标，另一个无目标，这就是造成两人成就不同、命运迥异的根本原因。

路遥说：“我认为，每个人都有一个觉醒期，但觉醒的早晚决定了个人的命运。”

很多人不免叹息：“我是很想立志改变自己的人生，但以我现在的年龄和处境，再去做出改变，会不会为时已晚？”

其实，这根本就不应该成为问题。之所以有些人会在内心产生这样的疑虑，是因为他们对“改变自身”重要性的认识还不够深刻，对事业的成功以及富足的物质生活的渴望还不够强烈，所以迟迟难下决心。

那些在各自领域取得辉煌成就的人，他们从来不会认为自己老了，想做出改变时也不会觉得心有余而力不足。对于他们而言，境遇不是问题，年龄更不是问题。

与创办肯德基的老爷爷山德士上校的经历相似，画家哈里·莱伯曼在80岁之前只是一个平庸的人，他整天无所事事地待在一家老年俱乐部里靠与其他老人闲聊来打发时光，觉得自己这辈子过得实在有点窝囊。

“我想我还能利用剩下的时间干点什么。”老哈里一个人闲坐的时候总是这样想。恰逢这时，俱乐部的一位办事员过来与他聊天，问他有没有兴趣加入俱乐部里的一个业余绘画组织，借以丰富个人的老年生活。百无聊赖的老哈里顿时来了兴致，于是便在那位办事员的介绍下加入了那家业余画室——虽然80年来，他从未接触过画笔和颜料。

没想到加入画室后，老哈里竟然很快表现出了惊人的绘画天赋。一年后，因为太迷恋绘画，已经81岁高龄的老哈里决定参加一个专业的绘画辅导班，继续追求自己的绘画梦想。经过将近十年的学习和钻研，从辅导班毕业时，老哈里已经是一位快90岁的老人了。

1977年，洛杉矶一家声望很高的艺术展览馆为一位老人举办了一场画展，主题是：哈里·莱伯曼101岁画展。这就是那位老哈里的画展，当时，他已经101岁了。当参观者饶有兴致地问他为什么年纪这么大了还坚持绘画时，老哈里笑了：“不要总想着还能再活几年，而要思考自己还能够改变什么——真正的人生并非从你出生的时候开始，而是从你发现人生意义的时候开始的。”

耄耋老人尚且能够满怀希望、富有激情地做自己想做的事情，不遗余力地去改变自己索然无味的人生，那么年纪尚轻、活力充沛的我们又有什么理由和借口认为自己的人生已经注定，一切都无法改变了呢?

如果我们放弃了追求心中希冀的权利，放弃追求醉心的事业和高品质生活的动力，丧失了立志改变不满意人生的决心和勇气，那么我们的人生注定会变得黯淡无光。成功和财富不会靠近我们，青春和活力也会早早逝去，剩下的只会是一张老气横秋的面孔和平淡无奇的生活状态。

摩西奶奶说：“一些人总认为已经晚了。实际上，现在就是最恰当的时候。对于一个真正有所追求的人而言，生命的每一个时期都是年轻的、及时的。”如果立志改变自己的人生，务必记住这样一个真理：人，不管什么时候改变都不晚。从下定决心做出改变的那一刻起，我们的人生才真正开始。心中有了梦想，有了蓝图，有了期盼，所有已经熄灭的激情都将被重新点燃，我们会从不断的努力和进取中体验到前所未有的愉悦和舒畅——因为生命本身需要更为广阔的空间，我们更是需要时刻感知自己正鲜活地存在着。

第9章

爱与责任——人生是一场修炼

爱，能温暖人的心；爱，能鼓励人一直朝前迈进。有人说：有爱才有追求，有对爱的追求，才有对爱的奉献。也有很多人说：爱是一种奉献。它如一股甘泉、一股热流，穿透人的心田。其实，爱除了是一种奉献外，它还是一种责任。

第1节

人文精神、人性关怀永远稀缺

Logion

一句赞美、一件善事、一个微笑、一些帮助，就能使我们的人生广结善缘。

曾经看过一个《蒙眼》的故事：

这是一个真实的故事。在一次婚宴上，一位中年男士认出了他的中学老师，于是上前毕恭毕敬地说："老师，您好！您还认得我吗？"老师说："对不起，我实在记不起来了。"学生说："老师您再想想，我是当年在课堂上偷同学手表的那个学生。"老师看着面前的这位学生，还是摇了摇头说："我真的认不出你了。"学生继续说："当时您让全班同学都面向墙壁站着，再用手帕蒙上自己的眼睛，然后您一个个搜查我们的口袋。当您从我口袋里搜出手表时，我想我一定会受到您严厉的训斥并予以严肃处理，从此以后我在班里再也抬不起头了，这将给我人生留下不可磨灭的耻辱和创伤……但是事情并没有如我想象的那样。您把手表归还给失主后，就叫我们坐回原来的座位上继续上课。一直到我毕业离开学校的那一天，偷手表的事都没有被提起过。这使我从此感恩老师，奋发学习，终于获得博士学位，成为国家有用的人才。老师，现在您应该记起我了吧？”老师微微一笑说道：“我怎么会记得起你呢？为了同学之间能保持良好关系、互相尊重，为了不影响我对班上每一个同学的印象，当时我也是蒙上自己的眼睛来搜查学生的口袋的。”学生听完，眼泪夺眶而出，他紧紧地把老师抱在怀里，一句话也说不出来，彼此就这样默默拥抱着……

给人容身的空间，给人转身的台阶，给人改过的机会，这不仅是老师的善良和智慧，更是一种崇高的慈悲境界和人格魅力。

人文关怀就是尊重人的宗教、信仰、习俗、习惯、个性特征和年龄差异，对人的生存与发展的每个阶段都予以关心、关怀、关注。

追溯人文关怀的起源，“人文”一词最早出现在《易经》中。《易经》贲卦的象辞上讲：“刚柔交错，天文也；文明以止，人文也。观乎天文以察时变，观乎人文以化成天下。”其意是说，天生有男有女，男刚女柔，刚柔交错，这是天文，即自然；人类据此而结成一对对夫妇，又从夫妇而化成家庭，而国家，而天下，这是人文，是文化。人文与天文相对，天文是指天道自然，人文是指社会人伦。治国家者必须观察天道自然的运行规律，以明耕作渔猎之时序；又必须把握现实社会中的人伦秩序，以明君臣、父子、夫妇、兄弟、朋友等关系，使人们的行为合乎文明礼仪，并由此而推及天下，以成“大化”。人文区别于自然，有人伦之意；区别于神理，有精神教化之义；区别于质朴、野蛮，有文明、文雅之义；区别于成功、武略，有文治教化之义。可见，所谓人文，标志着人类文明时代与野蛮时代的区别，标志着人之所以为人的物质。这段话大意是说人文就是人与人之间的关系，以及各种关系所对应的人伦礼仪。与之紧密联系的必然是文化。有文化的人类社会，才会衍生出繁复的礼仪秩序，规定人们“孝敬父母，尊老爱幼，对老师有礼貌”。有了人文的概念，再看看人文关怀，很自然就会想到，人文关怀就是对这些人伦秩序的思量和监督，督促人们不仅自己心中装着人文，还要注意规范别人的行为。但上面这些解释还是不完整的。照目前人文的普遍用法，人文关怀还经常体现着一种“人本精神”，也就是以人为本，关心人，爱护人。这里面的“人”，不分阶级地位、关系亲疏，都应该同等对待。这是任何一个公民都享有的平等权利。不论他是不是你的亲戚朋友，都要对他给予关心。无论他是不是弱势群体，都要一样爱护。对于无家可归的流浪者，我们要提倡社会福利体制早日健全；对于一位普通的行人，我们有义务提醒他“小心台阶”。这是一种拓展了外延的人文关怀，却也是在现今社会体现更多的一个方面。用一句话概括：“‘人文’是一个内涵极其丰富而又很难确切指陈的概念，‘人文’与人的价值、人的尊严、人的独立人格、人的个性、人的生存和生活及其意义、人的理想和人的命运等密切相关。”

具体来说，人文关怀包括层层递进又密切相关的几层含义：

（1）承认人不仅是一种物质生命的存在，更是一种精神、文化的存在。

（2）承认人无论是在推动社会发展还是实现自身发展方面，都居于核心地位或支配地位。

（3）承认人的价值，追求人的社会价值和个体价值的统一、作为手段和目的的统一。

（4）尊重人的主体性。人不仅是物质生活的主体，也是政治生活、精神生活乃至整个社会生活的主体，因而也是改善人的生活、提高人的生活品质的主体。

（5）关心人的多方面、多层次的需要。不仅关心人的物质层面的需要，更关心人的精神文化层面的需要；不仅创造条件满足人的生存需要、享受需要，更着力于人的自我发展、自我完善的需要的满足。

（6）促进人的自由全面发展。人的全面发展应当是自由、积极、主动的发展，而不是由外力强制的发展；是各方面素质都得到较好的发展或达到一定水平的发展；是在承认人的差异性、特殊性基础上的全面发展，是与个性发展相辅相成的全面发展。

人文关怀是社会文明进步的标志，是人类自觉意识提高的反映，也是现代精神文明与物质文明的终极体现。

财富管理应该是在人文关怀精神下的“人性化服务”。选择理性的思维方式进行有效的财务配置，可以规避风险，促进资产保值增值，满足个人和家庭不同阶段的物质和精神需要，实现人生理想。

一、财富管理的私密性

财富管理能为人们提供一对一的“一站式”理财服务，它涵盖了个人、家庭和事业的一揽子综合金融和增值服务解决方案。

二、财富管理的高端性

财富管理可以为人们寻找到适合自己的风险偏好和收益期望的投资产品，确保资产能带来可预期的增长。

三、财富管理的优先性

财富管理能让我们了解到投资所面临的风险并及时规避风险，寻找到最切合自己的理财理念，实现人生理想。

四、财富管理的轻松性

财富管理可以让我们的资产运作起来更加轻松自如，选择一个很好的理财专家和公司就能解决相应的烦恼。

人寿保险是财富管理中最能体现人文关怀的金融产品，它以个人与家庭的责任和关爱为出发点，以财富的保护与传承为目的，为人们化解人生风险，使人们获得人生保障，防止人们的资产流失，赶走人们的担忧，完成人们的心愿。

第2节

拥有坚持不懈前进的精神动力

Logion

有些路，是用脚去走；有些路，要用心去行。

绊住脚的，往往不是荆棘和石头，而是心。

如果您用心并且勇敢地跨出每一步，您就能顺畅地向前进！

业内人士也许都知道，MDRT 中国区主席只是一个头衔，主席的义务是号召一批业界有志之士一起畅谈经验，鼓舞士气，为彼此认定的目标努力奋斗。既然这个身份赋予了我责任和义务，我就必须担负起这一神圣的使命。作为 2010 年和 2011 年中国区主席，我有义务将 MDRT 精神和意义传递给那些渴望了解、渴望成功的后来者，他们是这个行业的延续和生命力之所在。2010 年，借助会务组的力量，我先后在广州、上海、深圳、北京组织了四场“MDRT 中国体验日”，每场大会的参加者都达上千人。组织工作事项繁杂，联络各方、邀请嘉宾、协调档期……几乎调动了我所有的资源和力量，我经常连饭也顾不上吃，加班加点更是常事。有朋友认为，主席的工作做与不做无所谓，反正也没有报酬。接这样的苦差事，劳力又劳心，值得吗？我说：值。这项工作完完全全是义务，但总要有人去做啊，做不好是我的责任，做好了，每个人都有收获。

在我看来，MDRT 主席的分量当然不在于名誉等这些外在的东西，吸引并促使我全身心投入的力量来自我对自身的期许和沉甸甸的使命感。如何通过 MDRT 理念的传播，激发中国保险营销人员的思想力和行动力，提升行业的整体素质和力量，从而彻底改变国人的投保观念，改变他们对保险营销员存在的传统偏见，极大地提高保险从业人士的社会地位，这些才是我真正看重的。

虽然保险业在中国已经有了 20 多年的发展历程，但人们对保险从业人员低看一眼的现实仍然没有太大的改观。有的人谈“保”色变，一听是卖保险的，原本心里再多的尊重也会立刻打了折扣；有的人甚至对保险营销人员的人格持怀疑态度。究竟是什么原因让保险从业人员的社会地位得不到应有的提高？这一方面源于我们的客户对保险产品和理念的认识不足，他们并非心甘情愿地接受保险的保障，总认为那万分之一的意外不会降临在自己头上，不愿意用一点点不影响生活质量的支出来换取一生的心安和平安。也许正是因为这样，我们的工作才具有挑战性和意义，我们也因此与客户一次次地上演着“拉锯战”。另一方面源于我们这个行业人员素质的参差不齐，这个行业可以说没有门槛的限制，只要你有愿望、有热忱、有积极性，都可以加入进来。但也许是竞争的残酷或者生存的压力，或者激进的营销方式，让社会上的人与我们这个集体之间存在难以消除的隔阂，有时会表现为一种调侃或者异样的眼光，我们保险营销人员整体得不到应有的、充分的尊重。

怎么办呢？我们只能自我拯救、自我救赎。MDRT 精神就有这样的力量，那些登台的嘉宾都能用极具魅力的演讲方式和人格力量去带动全场、感动全场。这里的每一个人都超越了世俗的眼光，每一个人都受到了充分的尊重，因为他们今天拥有的才华和品行是行业顶尖的。所以我希望通过自己这些年以及今后的努力，能让我们这个行业的人员因为有勇气加入并练就出高尚的人格和品行而得到世人的尊重，能让我们这个行业的大多数人都开着车去拜访客户，能让我们这个行业整体向前跨进一大步，培养出来一批又一批有战略眼光、敢于迎接一切挑战，并乐于奉献和服务的行业精英。

客户是我的服务对象，行业人士也是我的服务对象，服务客户是爱、关怀与感激，服务同行是责任与担当，这二者没有本质区别，但同样都任重道远。这是我事业的核心，是我身为保险人的使命。虽然还只是一小步，虽然离自己的期许还有差距，但我心甘情愿为之付出，为之尽心尽力，同时，也沉醉其中，享受其中。

第3节

不断激发潜能，提升生命维度

每个人身上都埋藏有“天分”的种子，它一旦结束冬眠就会发芽，只是太多的人几乎遗忘了它。

我想给大家举一个举重运动员的例子。举重运动员在每一场比赛中都要承受超负荷的，甚至极限的重压——因为他要创纪录。举重运动中有一个专业术语，叫作超量恢复。在肌肉或者肌群适当运动练习之后，适当时间的休息可以使肌肉的力量和形态功能等恢复到运动前的水平，并且在一定时间之内，还可以继续上升，超过原有水平。如此通过反复的肌力练习，就可以使肌肉体

Logion

无论是善待谁，其实都是温暖在流转，都是爱在延宕。最终，施及别人，惠泽自身。

积增大，肌肉力量增强。比如说，从50公斤开始，不断递增，肌肉的承受能力也相应递增，长年累月地反复超量，运动员通过自身机能的调节便可以逐步抓起60公斤、70公斤，甚至100公斤的重量。

因此，我们不要吝惜自己的力量，不要吝惜自己的体力，更不要吝啬自己的潜能。自从做了保险之后，我觉得自己是很开心的。我这个人卖力不卖命，因为在卖力的过程中，身体会不断地超量恢复，各方面的才华、能力都得以充分发挥，甚至能看到一个全新的自己。

其实，每个人都有一座宝藏，一座几乎被遗忘的宝藏，那就是人的头脑中的“创新天分”。头脑能产生思维，思维能产生创新，创新则能改变世界——内心世界和外在世界。认真挖掘这座属于你自己的宝藏，肯定会有意想不到的收获。

一位学生对老师说：“我没有创造力。”

老师问：“你晚上睡觉做梦吗？”

“当然做。”

“那么讲一个你认为最有趣的梦给我听。”

学生讲了许多稀奇古怪的梦：飞到了另一个星球，进入了时空隧道，见到了怪兽，等等。老师问：“这些梦很有创意，是谁替你做的梦？”

“当然是我自己做的。”

“是你晚上睡着时做的吗？”

“是的。”

“那么白天上课时也这样做吧。”

我们许多人在睡着的时候才唤醒了自己的创造力，醒来时却让创造力睡着了。

很多人说唤醒创造力很难。他们说：环境太普通了，无法创造。但普通不过是一团“泥”，“泥人张”能用泥捏出形态各异的人和物。他们说：生活太单调了，无法创造。但单调无非是茫茫沙漠，而雷赛布在沙漠中开出了苏伊士运河。他们说：我太迟钝了，不会创造。可是鲁钝的曾参，承继了孔子的道径。他们说：我生活困顿，无力创造。可是贫病交加的曹雪芹写成了旷世名篇《红楼梦》。可见创造无处不在，无时不可。

无数事实和许多专家的研究成果告诉我们：每个人身上都有巨大的潜能没有被开发出来。普通人只发展了他蕴藏潜力的1/10。与应当取得的成果相比，我们不过是半醒者，我们只利用了我们身心资源的很小一部分……既然人人都有巨大的潜能，为什么实际生活中人与人却千差万别呢？这当然是由心理状态与努力程度不同所决定的，同时，也和所受的教育和所处的境遇不同有关。

一个人只有具备积极的自我意识，才会知道自己是个什么样的人，并知道能够成为什么样的人。这样他才能积极地开发和利用自己身上的巨大潜能，提高自己的生命维度。

第4节

坚持正念、正知、正见、正觉

Logion

只要你全然地做好自己，给到他人真正的价值，时间会把最正确的人、最美好的事、最成功的一刻，带到你的身边。

智慧可以是宇宙中最强大的力量，不费一丝一毫之力便无所不能；智慧也可以是宇宙中最大的障碍，任你懂得再多，知道得再多，都让你在无尽深渊中越陷越深，给你钉上最牢固的枷锁。智慧于不同的人、不同的能量体而言，它的力量是不一样的，决定它力量的是驾驭者本身。

智慧，你能驾驭它，它就能给你力量，为你所用；你不能驾驭它，即便你得到了它，也会成为它的奴隶。你苦苦追寻的未必是属于你的，但属于你的早晚都会来。很多知识，在帮助人们的同时，也给了人们最牢的枷锁，宇宙真理传达亦是，智慧亦是，境界不到的，能量不足的，难以驾驭的，这些东西即便完完全全呈现在其面前，也只会是一种阻碍、一种误导。因为很多时候，此智慧非彼智慧，此真理非彼真理，而懂得和实践之间又有着很大的境界之差，想到和做到之间差了很多修行，差了很多的能量。

因此，对于很多智慧、很多知识，吸收当下对自己有用的便好，时间到了，该懂的自然都会懂。要想驾驭智慧，一定是要修行的，能量越强，对智慧的驾驭越是轻车熟路、轻松愉悦、简单有效、和谐喜悦；能量越弱，越会陷入智慧创造的重重障碍里，你该经历的丝毫无法减少，反而给你更紧的枷锁。要想能量强，一定要坚持正念、正知、正见、正觉，点点滴滴都算数，坚持做，持续做，时间久了自会不一样，量变引起质变的时候，你自会获得真正的智慧，也自会驾驭你所获得的智慧。你的感受是你能量的反馈，生活的点点滴滴已经时时刻刻在反馈你的能量了，该戒的戒，该远离的远离，该放下的放下。你什么都有，都放下了你自会知道，自会拥有一切。你做到了，便不会再有任何疑问，你的强大是超乎你想象的，如果你的想象如同水滴，那么真实的你至少是大海。

正念、正知、正见、正觉需要长期去熏习，才能成为自己的思维习惯，不能因为难而不去坚持。培养对业果的信心，欢欢喜喜在因上努力，而不是一味面对果相烦闷。懂得业果，努力断恶修善的人，哪怕现在的境况不好，也只是像枯水期的河流，虽然一时没有水，但随着善行一点一滴积累，终会水流丰沛，盈满奔腾；反之，不懂得业果、恣意妄为的人，即使现在福报很盛，也会像失去源头的河流，虽然还有很多水，但终将渐渐干涸，直至枯槁荒芜。

第5节

活出生命的光辉和热爱

Logion

没有舍，就没有得。因果是轮回的，你怎么对别人，别人就怎么对你。

服务是保险的本质，爱是保险的灵魂，保险的爱是通过服务去实现的。

服务的过程其实是为他人提供利用价值的过程。需要决定价值，你有没有价值，取决于他人对你的需要。你对他人需要的满足度越高，你的价值越大；相反，则越小。在我们传统的观念中，大多数人很反感把交往关系看成利用与被利用的关系，更反感的是被人利用。其实，能够被人利用是值得骄傲的，是实现爱的途径。你被别人利用，说明你有可利用的价值，没有利用价值的人是可悲的。人的价值只有通过被他人利用才能体现出来。物品要能被利用，才是贵重之物；

人要能被利用，才是有用之人，即人才不用等于没用。

对于我来讲，我是心甘情愿地被客户利用。客户装修房子，我帮忙联络熟悉的设计公司，消除客户的戒备心理；客户生病了，我帮忙联系医生朋友，免去客户排队等候的心烦过程；客户婚庆嫁娶，我帮忙订蛋糕、拍照；客户公司要请培训专家为员工做职业或心理培训，我主动请缨……客户利用你，说明需要你，你的职责和使命就是要把保险的大爱传递出去，送给每一位有需要的人。在从事保险业的 20 多年时间里，我始终秉持这一信念，不断向他人提供可以利用的价值，不断传播爱与感恩。我逐渐清楚地认识到，自己具备这样的潜力，可以做到这些，心中充满了感恩和力量。

主观为人，客观为己。我在心甘情愿地为客户提供理财、保健、心理、亲子教育等方面的服务时，也在无形中开拓了自身无限的价值。

正如星云大师关于“舍”与“得”关系的精辟论述：

“舍，看起来是给人，实际上是给自己。给人一句好话，你才能得到别人回你一句赞美；给人一个笑容，别人才能对你回眸一笑。舍和得的关系，就如因和果，因果是相关的，舍与得也是互动的。能够舍的人，一定是拥有富者的心胸，如果他的内心没有感恩、结缘的性格，他怎么肯舍给人，怎么能让人有所得呢？他的内心充满欢喜，他才能把欢喜给你；他的内心蕴藏着无限的慈悲，他才能把慈悲给你。自己有财，才能舍财；自己有道，才能舍道。有的人心中只有贪、嗔、痴，他给人的当然也只是贪、嗔、痴。所以我们劝人不要把烦恼、愁闷传染给别人，因为舍什么就会得什么，这是必然的因果。”

因此，不必斤斤计较于谁利用谁，因为世间一切事情都是互为缘起的，与众人一起享有互惠互利的成果，就能发挥利用的最高价值，就能奏出和谐的爱音。

21 世纪是服务的世纪。唯有为他人提供利用价值及有价值的服务，唯有尽可能地使服务绩效大于客户的期望，才能在这个多元的世纪中独占鳌头。海尔推出了“五星级服务”，宝钢推出了“用户满意工程”，格兰仕提出了“让顾客感动”。这些企业都认识到，服务是竞争策略中无以匹敌的武器。不断地、持续地提供服务是商机所在，更是利润所在。

保险是无形产品，服务更是保险赖以维系的根本。保险产品在很大程度上就是一种服务，客户消费保险的过程即享受服务的过程。作为客户，其对服务的满意度取决于预期服务与感知服务的差距。感知服务与预期服务一致，客户就满意；感知服务低于预期服务，客户就难以满意；感知服务大于预期服务，客户就会得到意外惊喜。客户买保险的需求除了保险本身的功能外，还有保险背后的全方位服务。如果你的专业理财知识能带给客户实惠和放心，心理学知识及快乐情绪能化解客户心中的疑惑和不解，不断追求进步的恒心能激发客户潜在的渴望和奔跑的动力，那么你就带给了客户物超所值的体验，这是依附在保单背后更为重要、更具价值的增值品。保险事业注重“口碑效应”。口碑对购买的影响力在某种程度上已超过广告。一个客户能影响周围 10 个客户，10 个客户的背后是 100 个客户，服务能通过裂变，释放出 10 倍乃至几十倍的能量。你的客户为什么会为你转介绍？靠的是你高尚的服务、爱的服务。

心存爱与感激的人，其灵魂必定是透着阳光与自然气息的，也必定是一个会享受生活、懂得珍惜生命的人，必定是一个胸中充满着诗意与激情的人。这样的人为客户提供服务，必定会让人高看一眼，赢得客户的尊重，也才能担当起传播爱的使命的重任。

我曾非常荣幸地当选 2014 年“十大中国最美保险营销员”，这是对我专业服务精神的一种肯定和褒奖，让我感到无比光荣和自豪。当时，全国各大媒体都进行了宣传和报道，包括各大机场、街道和社区等。2017 年 7 月 8 日，保险业在全国范围内举办“全国保险公众宣传日”最美保险营销员巡讲活动，我作为授课嘉宾，赴青海省西宁市等地进行巡讲活动，分享了保险业的感人故事，宣传了保险的功能与意义。

参考文献

[1] 李承宪，陈文灿. 我决定活到 120 岁：长寿、活力和生命转变的古老秘诀 [M]. 北京：新世界出版社，2021.

[2] 琳达·格拉顿，安德鲁·斯科特. 百岁人生：长寿时代的生活和工作 [M]. 北京：中信出版集团，2018.

[3] 日本 NHK 特别节目录制组. 老后两代破产 [M]. 上海：上海译文出版社，2021.

[4] 薄世宁. 薄世宁医学通识讲义 [M]. 北京：中信出版社，2019.

[5] 泰德·菲什曼. 当世界又老又穷 [M]. 上海：生活·读书·新知三联书店，2018.

[6] 克莱·舍基. 认知盈余：自由时间的力量 [M]. 北京：中国人民大学出版社，2011.

[7] 加来道雄. 物理学的未来 [M]. 重庆：重庆出版社，2012.

[8] 琳达·格拉顿，安德鲁·斯科特. 长寿人生 [M]. 北京：中信出版社，2020.

[9] 日本《朝日新闻》采访组. 负动产时代 [M]. 北京：中国纺织出版社，2021.

[10] 纳西姆·尼古拉斯·塔勒布. 反脆弱：从不确定性中获益 [M]. 北京：中信出版社，2014.

[11] 彭凯平，闫伟. 活出心花怒放的人生 [M]. 北京：中信出版社，2020.

[12] 陈凯 . 守富与传富：家族财富保护与传承［M］. 北京：人民日报出版社，2016.

[13] 王芳律师家族办公室团队 . 家族财富保障及传承［M］. 北京：现代出版社，2021.

[14] 克莱顿·克里斯坦森，詹姆斯·奥沃斯 . 你要如何衡量你的人生［M］. 吉林：吉林出版集团有限责任公司，2013.

[15] 丹尼尔·卡尼曼 . 思考，快与慢［M］. 北京：中信出版社，2012.

[16] 米歇尔·渥克 . 灰犀牛：个人组织如何与风险共舞［M］. 北京：中信出版集团，2021.

[17] 春山茂雄 . 脑内革命［M］. 江苏：江苏文艺出版社，2011.

[18] 王剀锵 . 补氧不生病［M］. 湖南：湖南人民出版社，2009.

[19] 生田哲 . 慢性炎症［M］. 上海：上海世界图书出版公司，2007.

[20] 田原 . 民间中医解毒现代身体：脸上的真相［M］. 北京：中国医药科技出版社，2012.

[21] 田原 . 揭开皮肤“病”的真相［M］. 北京：中国医药科技出版社，2010.

[22] 刘军宁 . 投资哲学［M］. 北京：中信出版社，2013.

后　记

十五年前，我的第一本书——《无限风光在险峰》顺利出版；

十年前，我的第二本书——《服务人生　传递大爱》与广大读者见面；

现在，我的第三本书——《长寿时代　迎接百岁》也即将付梓。

在本书的出版过程中，特别感谢各位朋友的鼎力相助：

感谢友邦人寿执行董事及总经理张晓宇先生、友邦中国前首席CEO蔡强先生、中华保险与理财规划人员协会前理事长林天赐先生、台湾南山人寿前总经理徐水俊先生友以及友邦保险集团前总裁陈嘉虎先生对我的支持与鼓励！

感谢亚洲泰斗级寿险国际导师吴学文老师的“真我中心学”系列培训，他的真知灼见不仅给予我们很大的启迪，而且增长了我们的心智！特别是吴老师的人生感悟，成为本书的点睛之笔，加深了书中观点的理解与表达！

感谢我的好友路巍女士，她给了我很好的出版建议，并对全书提出了许多指导性建议！

感谢在本书出版过程中默默付出的编辑老师及出版社的所有工作人员！

感谢所有爱我的人和我爱的人！

祁　彬

2023 年 1 月 20 日